"十三五"规划民航特色专业统编教材

民航危险品运输概论

MINHANG WEIXIANPIN YUNSHU GAILUN

主编 辜英智 刘存绪 魏春霖

四川大学出版社

责任编辑：谢正强
责任校对：高庆梅
封面设计：墨创文化
责任印制：王　炜

图书在版编目(CIP)数据

民航危险品运输概论 / 辜英智，刘存绪，魏春霖主编. 一成都：四川大学出版社，2017.8
"十三五"规划民航特色专业统编教材
ISBN 978-7-5690-1101-2

Ⅰ.①民… Ⅱ.①辜… ②刘… ③魏… Ⅲ.①民用航空-危险货物运输-高等学校-教材 Ⅳ.①V353

中国版本图书馆 CIP 数据核字（2017）第 208114 号

书　名	**民航危险品运输概论**
主　编	辜英智　刘存绪　魏春霖
出　版	四川大学出版社
地　址	成都市一环路南一段24号（610065）
发　行	四川大学出版社
书　号	ISBN 978-7-5690-1101-2
印　刷	郫县犀浦印刷厂
成品尺寸	185 mm×260 mm
印　张	15.5
字　数	250 千字
版　次	2017 年 8 月第 1 版
印　次	2019 年 7 月第 3 次印刷
定　价	39.00 元

◆ 读者邮购本书，请与本社发行科联系。
　电话:(028)85408408/(028)85401670/
　(028)85408023　邮政编码:610065
◆ 本社图书如有印装质量问题,请
　寄回出版社调换。
◆ 网址:http://press.scu.edu.cn

"十三五"规划民航特色专业统编教材
编写指导委员会

主　　编：辜英智　　刘存绪　　魏春霖

编　　委：李筱泖　　顾建庄　　杨　军　　刘志惠
　　　　　罗娅兰　　李清霞　　冷　静　　胡启潮
　　　　　马秀英　　黄孟颖　　王俊雷　　李　目
　　　　　魏　薇　　王　平　　吴　易　　石文娟
　　　　　魏　庆　　黄怡川　　陈　刚　　何珊珊
　　　　　张　闪　　罗致远　　李宛融　　王志鸿
　　　　　李潇潇

前　言

2017 年 2 月，中国民用航空局、国家发展和改革委员会、交通运输部联合发布了《中国民用航空发展第十三个五年规划》，明确了"十三五"时期民航发展的五大任务，包括确保航空持续安全，构建国家综合机场体系，全面提升航空服务能力，努力提升空管保障服务水平，以改革创新推动转型发展等。随着中国民航业的高速发展，民航服务人才需求量增大，民航服务专业就业前景广阔。为培养具有较高专业应用水平，综合素质优秀，熟练掌握民航服务理论和基本技能，符合民航业发展需要的复合型、技能型、应用型的高级航空服务专业人才，在大力发展高等职业教育的同时，各级部门和高等院校重视发挥教师的积极性与创造性，鼓励和支持教师编写具有高职教育特色和民航服务特色的教材。

四川东星航空教育集团从 2007 年创建伊始，就致力于为中国民航培养高素质的航空服务类专门人才。集团旗下的成都东星航空旅游专修学院汇集了一大批热爱民航的专兼职教师，聘请了行业专家指导办学。2011年，学院组织校内教师及校外专家学者，编写了"十二五"规划航空服务专业共计 14 门课程的统编教材，由四川大学出版社正式出版发行。这套教材在使用过程中，得到了广大师生与同业专家的一致好评。但是，伴随着我国民航业突飞猛进的发展，"十三五"规划对我国民用航空发展提出了新理念、新要求，人民群众对航空安全便捷出行方式有了新期盼，原有教材已不能满足新时代对航空人才培养的需求。

2016 年，四川东星航空教育集团成立了"十三五"规划民航特色专业统编教材编委会，启动了对"十二五"规划航空服务专业统编教材的全面修订工作。按照"理论联系实际，图文并茂，与时俱进，科学发展"的

思路，经过一年多的辛勤工作，这套"十三五"规划民航特色专业统编教材即将付梓，由四川大学出版社正式出版。本系列教材包括《民航服务概论》《民航服务礼仪》《民航实用英语》《民航服务心理学》《民航安全检查基础》《民航物流基础概论》等 16 种，参与编纂的人员有李筱汭、顾建庄、杨军、刘志惠、罗娅兰、李清霞、冷静、胡启潮、马秀英、黄孟颖、王俊雷、李目、魏薇、王平、吴易、石文娟、魏庆、黄怡川、陈刚、何珊珊、张闪、罗致远、李宛融、王志鸿、李潇潇等。辜英智、刘存绪、魏春霖对全书进行了审读、统稿并定稿。

在本系列教材的编写过程中，四川大学出版社的编辑提出了许多宝贵的意见，航空业界的学者与同行专家提供了有益的思路，相关学者的文章和专著提供了实用的信息，在此一并致以诚挚的谢意。相对于我国高速发展的民航服务业，本书还难以概其全貌，疏漏不妥之处在所难免，恳请读者批评指正。

编写组

2017 年 8 月

目 录

第一章 概 述

什么是危险品？根据《中国民用航空危险品运输管理规定》的定义，危险品是指对人体健康、飞行安全、财产或环境构成严重危害的物品或物质，且在国际民航组织（简称 ICAO，联合国下设的分支机构之一）《危险品安全运输技术细则》的"危险品品名表"中列出并进行了分类。

危险品具有爆炸性、可燃性、腐蚀性和放射性等特点，能危害人体健康、人身安全，导致财产损失和环境污染。这些物质或物品不仅是指酸、爆炸物和毒品，也包括日常用品如漂白剂、喷雾剂以及平时较少使用的磁性物质和冷冻剂。

危险品运输的基本准则是确保危险品的安全运输，确保飞机和机上旅客、货物不承担额外风险。

危险品的定义具有以下几个含义。

（1）危险品是一类具有爆炸、燃烧、毒害、腐蚀、放射性等特殊性质的物质或物品。这些性质是容易造成运输中发生火灾、爆炸、中毒等事故的内在因素和先决条件。

（2）危险品容易造成人身伤亡和财产损失。即危险品在一定条件下，比如由于受热、摩擦、撞击、与性质相抵触物品接触等，容易发生化学变化而产生危险效应。这种危险效应不仅使货物本身遭到损失，而且还会危及周围环境，对人员、设备、建筑造成一定程度的损害。

（3）危险品在运输装卸和储存过程中需要特别防护。这里所指的特别防护，不仅是指一般所要求的轻拿轻放、谨防明火等，而且还指针对各类危险品本身的特性所必须采取的"特别"的防护措施。例如，有的危险品需避光，有的危险品需控制温度，有的危险品需控制湿度，有的危险品需

添加抑制剂等。

须注意，以上三点缺一都不成为危险品。

例如，贵重物品、精密仪器和易碎器皿需要在运输中采取防丢失、防震动和防破损的特别防护措施，但由于这些物品不具备第一点所述的特殊性质，一旦防护失措也不易造成人身伤亡或除货物本身以外的财物损毁，所以不属于危险品。

第一节　危险品航空运输的法律、法规介绍

随着交通运输业的大力发展，航空运输成为运输业的重要组成部分。航空运输业的良好发展离不开法律、法规的支持，危险品的运输更促使了严格的航空运输法律、法规的建立。

一、国际法规

1. 《国际民用航空公约》

国际民用航空组织制定了航空运输危险品安全规则，并将它们编入《国际民用航空公约》附件 18 及《航空运输危险物品安全技术指南》中。《国际民用航空公约》是 1944 年 12 月 7 日 52 个国家在芝加哥签署的有关国际民用航空在政治、经济、技术等方面问题的国际公约，各缔约国可以在此条约的基础上制定适合本国情况的更加严格的法律、法规。

2. 《危险品运输建议书——规章范本》（橙皮书）

联合国危险品运输专家委员会根据技术发展的情况，根据新物质和新材料的出现以及现代运输系统的要求，特别是确保人民、财产和环境安全的需要编写了《危险品运输建议书——规章范本》（*Recommendations on the Transport of Dangerous Goods*），简称《规章范本》。由于规章的封面是橘黄色的，故又称为橙皮书（图 1-1）。

橙皮书对于非放射性危险品的运输制定了建议性规则，包括分类原则和各类别项别的定义、"危险品品名表"、一般包装要求、试验程序、标

记、标签和运输文件，是各个国家及国际运输规章的基础。

图 1-1　《危险品运输建议书——规章范本》（橙皮书）

3.《放射性物质安全运输规则》

国际原子能机构（IAEA）对于放射性物质运输制定了建议性规则——《放射性物质安全运输规则》（*Regulations for the safe Transport of Radioactive Material*）。此规则规定了与放射性物质运输有关的安全要求，包括包装的设计、制造和维护，也包括包装的准备、托运、装卸、运载及货包最终目的地的验收。

以上两部建议性规则适用于公路、水路、铁路以及航空多种运输方式。

4. 国际民航组织制订的法律规定

（1）国际民航组织（ICAO）在上述建议的基础上制订了使用各种类型的飞机安全运输（包括内部运输和外部运输）危险品的规则，并将这些规则编入了《国际民用航空公约》附件18，即《危险品的安全航空运输》（*Convention on International Civil—the Safe Transport of Dangerous Goods by Air*），简称附件18。它是一个全球性的危险品航空运输法规，各缔约国可在此基础上制定适合本国情况的更加严格的法律、法规。

（2）附件 18 是纲领性文件，《危险品安全航空运输技术细则》（*Technical Instruction for the Safe Transport of Dangerous Goods by Air*）是国际民航组织用以管理危险品运输的更为具体、系统的国际规定，简称技术细则或 TI，于 1983 年起每两年更新一版。

附件 18 和 TI 均是《国际民用航空公约》的组成部分，是各国空运危险品需要遵守的法律规定。

5. 国际航空运输协会《危险品规则》

国际航空运输协会《危险品规则》（IATA *Dangerous Goods Regulations*），简称 DGR，是依据行业技术标准对 ICAO 的补充，具有更强的约束性。国际航协《危险品规则》每年修订一次，并且其新规定会在每一页的边缘处用方框符号表示，新版于每年 1 月 1 日生效（图 1-2）。

图 1-2　《危险品规则》

二、国内法律法规

我国民航目前适用的主要法律、法规有：

《中华人民共和国民用航空法》；

《中华人民共和国刑法》；

《中华人民共和国民用航空安全保卫条例》；

《中国民用航空安全检查规则》;

《中国民用航空危险品运输管理规定》(民航总局令 121 号 CCAR-276);

《中华人民共和国安全生产法》;

《危险化学品安全管理条例》;

《中华人民共和国放射性污染防治法》;

《病原微生物实验室生物安全管理条例》;

《国务院关于特大安全事故行政责任追究的规定》等。

三、规则的适用性范围

国际民航组织发布的现行有效的《危险品安全航空运输技术细则》(TI)、中国民航总局《中国民用航空危险品运输管理规定》(CCAR-276)适用于在中华人民共和国登记的民用航空器以及在中华人民共和国境内运行的外国民用航空器。

国际航协《危险品规则》适用于国际航协所有会员与准会员航空公司,以及所有与作为国际航协会员、准会员签订货物联运协议的航空公司以及向运营人交运危险品的托运人及其代理人。

第二节 危险品运输的责任

一、托运人的责任

托运人托运危险品,应严格遵守《危险品的安全航空运输》(ICAO)、《危险品安全航空运输技术细则》(ICAO)、《危险品规则》(IATA)、《中国民用航空危险品运输管理规定》及有关国家适用的法律、规定、命令或要求。

托运人在危险物品运输中担负着较为重大的责任:

(1)托运人托运危险物品应当遵守货物始发站、过境地和目的地国家

的有关法律、法规。

（2）托运人应当保证所交运的危险物品是属于航空允许运输的。

（3）托运人必须提供能明确履行空运危险物品职责的信息资料。

（4）托运人必须将托运的物质或物品进行准确的分类、识别、包装、标记和标签。

（5）托运人应当如实填写危险物品运输文件，并签字确认。

（6）托运人必须保证所有办理托运手续和签署危险品航空运输文件的有关人员都接受过相关危险品知识的培训。

二、运营人的责任

运营人在从事危险品运输过程中，必须做好有关收运、存储、装载、检查、提供资料、采取应急措施、保留记录和培训等各环节工作，各项工作应严格按照规定准备，并且必须使用货运单。运营人除接收外的其他七项责任如下：

（1）存储。

（2）装载。

（3）检查危险品的包装件、合成包装件和放射性物质专用箱，确认在装机前无泄漏和破损现象。保证危险品不得装载在驾驶舱或有旅客乘坐的航空器客舱内。

（4）包括紧急反应信息在内的信息规定。

（5）记录危险品事故和事件。

（6）保留记录。

（7）培训。

第三节　危险品运输培训要求

危险品所具有的危险性使其在航空运输、存储等过程中，稍有不慎就会导致严重事故，给人身和财产安全造成极大危害，因此对从事危险品运输的相关人员进行相应的安全培训必不可少。受训人员类别见表1-1。

表1-1 危险品运输培训人员类别

类别	人员名称	类别	人员名称
1	托运人和承担托运人责任的人员	7	运营人及其地面服务代理机构从事收运货物、邮件或供应品（非危险品）的人员
2	包装人员	8	运营人及其地面服务代理机构从事货物、邮件或供应品的操作、存储和转载的人员
3	从事危险品收运工作的货运代理人员	9	旅客服务人员
4	从事货物、邮件或供应品（非危险品）收运工作的货运代理人员	10	飞行机组成员、平衡配载和舱位控制人员、签派员
5	从事货物、邮件或供应品操作、存储和转载工作的货运代理人员	11	飞行机组以外的机组成员
6	运营人及其地面服务代理机构收运危险品的人员	12	安全检查人员

由于危险品的特殊性质，在运输组织和管理过程中要求有关人员具有很强的专业性，他们除了应具有一定航空货运知识、管理及操作知识外，还应具有有关危险品运输方面的专业知识。为此，ICAO和IATA规定对从事危险品运输的不同岗位人员必须进行相应的培训，并提出对培训课程的最低要求，如表1-2。

表1-2 危险品运输培训课程要求

关于危险品航空运输至少应当熟悉的方面	托运人和包装人		货运代理人			运营人和地面服务代理机构						安检人员
	1	2	3	4	5	6	7	8	9	10	11	12
一般原则	×	×	×	×	×	×	×	×	×	×	×	×
限制条件	×		×	×	×	×				×		×
托运人的一般要求	×		×			×						
危险物品的分类	×	×	×			×						

民航危险品运输概论

续表

关于危险品航空运输至少应当熟悉的方面	托运人和包装人		货运代理人			运营人和地面服务代理机构						安检人员
	1	2	3	4	5	6	7	8	9	10	11	12
危险物品品名表	×	×	×			×				×		
一般包装要求	×	×				×						
包装细则	×	×	×			×						
标签与标记	×	×	×	×	×	×	×	×	×	×	×	×
危险物品运输文件及其他相关文件	×		×	×		×	×					
收运程序						×						
未申报危险品的识别	×	×	×	×	×	×	×	×	×	×	×	×
储存与装载程序				×	×		×	×				
机长通知单						×		×				
对旅客与机组成员的规定	×	×	×			×	×					×
紧急情况处理程序	×	×	×	×	×	×	×	×	×	×		×

注:"×"表示该内容应该掌握。

第四节　危险品运输对航空安全的影响

危险品航空运输是一项高风险、高利润的运输活动,但一旦发生事故,就会造成严重的后果。近年来航空客、货、邮运输量不断增加,危险品的运输需求越来越多,危险品可由货物、邮件、公司物资、旅客行李等途径带入飞机。危险品航空运输呈现出运输总量大、违规事故多、事故区域集中的特点,尤其是危险品的隐瞒夹带和锂电池违规事件居多。

事实证明:危险品只要进行正确的包装和操作,在航空运输中是安全的。

(1) 对危险品操作而言,只要正确地操作和包装,就可以避免危险品事故（或事故征候）的发生。危险品在航空运输过程中，必须严格按照相关法规操作，任何违规操作都可能造成事故发生。

（2）从法规要求而言，隐瞒、夹带、谎报危险品不仅可能会带来重大的人员伤害、经济损失，情节严重的，还将承担民事或刑事责任。

（3）从监管重点而言，锂电池的客、货运输已经成为危险品航空安全事故的焦点，与之对应的是，出台了越来越严格的航空运输条件限制。

下面将从几个典型事故案例分析，具体了解危险品航空运输的意义。

案例一

空运危险品的起始——波士顿空难

1973年，美国泛美航空公司一架从纽约起飞的货包机在空中起火，在波士顿机场迫降时飞机坠毁，3名机组人员全部遇难。此次空难的原因是飞机上装有的未申报的危险品硝酸发生泄漏。

事故起因：加利福尼亚一家电子厂将一批由零件、设备和化工产品组成的货物运往其在苏格兰的工厂。一部分从加利福尼亚运出，另一部分货物包括160只装有硝酸的木箱从新泽西运出，这两部分货物在纽约组成一票货物称为"电子设备"，没有填写危险物品申报单，也没有遇到任何质疑。在拼板时，由于无法适合飞机的轮廓，于是拼板监管建议工人将一些包装件倒置而忽略了某些包装件上的向上标签。因为有些外包装上根本没有向上标签，并且外包装上也没有任何表明是危险物品的标记，同时也没有危险物品申报单，因此拼板监管没有理由不同意把它们倒置。拼板完成5小时后装上了飞机。没有发现有任何泄漏和不正常现象。

另有一些危险物品填写了危险物品申报单，但是机长通知单被卷在了一个手提箱的把手上并放在了飞机的厨房里，机长并没有在上面签字，当然他也就不知道飞机上有危险品。飞机到达巡航高度不久，机组人员闻到了烟味，他们认为是飞机的电气设备发生了问题并试图去隔离。同时机组决定返航，但此时烟雾越来越大，已无法返航。于是他们决定在波士顿机场紧急迫降。就在降落的时候飞机撞到了地面，3名机组人员全部遇难，飞机坠毁，货物抛洒在波士顿湾。

调查研究表明：货主说知道应填写危险物品申报单，于是他在一张空白单上签了字并把它交给了纽约的货运代理。化工厂用卡车将化学物品送到货运代理，由于化工厂不是将此货物运往苏格兰的货主，所以没有被要求填写危险物品申报单。货运代理将此化学物品交给包装代理，包装代理不知道硝酸应怎样包装，但知道木屑可以作为酒精的吸附材料，所以认为用于硝酸也可以。于是每只木箱中装 5L 硝酸，并用木屑作为吸附材料。包装代理的职工没有在外包装上做正确的标记和标签，且危险物品的运输文件在整个过程中不知在什么地方丢失了。实验结果表明：取一个装有硝酸的木箱，将硝酸的瓶口松开并放倒，8 分钟后木箱开始冒出烟雾，16 分钟后，在箱子上的针孔中可看到火焰，22 分钟后，整个木箱起火，32 分钟后整个木箱化为灰烬。本案例中，实际起火的木箱最多只有 2 个，但导致了整架飞机的坠毁。

案例二

空运危险品的追责——法律责任

2000 年 3 月，北京空港航空地面服务有限公司（BGS）接收了大通国际运输公司的一票货，货主为中国化工建设大连公司，收货人为一家印度公司，委托马来西亚航空公司承运，货运单上品名为 80 桶固体的 8－羟基喹啉。但是载货飞机飞到吉隆坡转机卸货时却发现，飞机上的两桶货物出现泄漏，货舱里充满刺鼻的白色烟雾，后在机场消防、危险物品控制人员的帮助下才把泄漏化学危险品的飞机隔离。

泄漏出的物品不是非危险品 8－羟基喹啉，而是淡黄色有毒、有腐蚀性的液体草酰氯。

泄漏出的物品造成 5 名工人中毒，运货飞机因严重腐蚀受损而报废。

事故调查表明：该票货是 2000 年 3 月 14 日由中国公司签发的空运单，填写的是非危险品，适于普通航空运输，这批物品的报关、物品鉴定等事项也均由被告中国公司办理。相关技术部门认定，泄漏物品与合同单上申报的普通物品不符，实际货物为危险化学物品草酰氯。事故赔偿：马来西亚航空公司和马来西亚保险公司等 5 家境外保险公司将中国化工建设大连公司及大通国际运输公司等 6 家与此事件有关的公司诉至北京市高院，2012 年一审判决中国化工建设大连公司赔偿 5 家境外保险公司共 6500 余万美元。

案例三

空运危险品的焦点——锂电池

美国联邦航空管理局（FAA）在 2005 和 2006 年对锂电池进行了燃烧实验，结果表明手提电脑电池炸裂并在 30 秒内开始喷射出高易燃性液体，该液体会引燃邻近的其他电池，导致剧烈爆炸，产生火球和爆炸冲击波。大批量的电池运输将导致严重后果。2010 年 9 月 3 日，一架美国联合包裹服务公司（UPS）的波音 747 货机在迪拜附近的沙漠坠毁，机上载有 81000 个锂电池。根据官方的事故报告，由于当时驾驶舱弥漫着浓烟，飞行员既看不到仪表盘也看不到窗外，最终导致悲剧发生。锂电池只要受到轻微破坏就会燃烧。2011 年在一架从澳大利亚利斯莫尔岛飞往悉尼的飞机上，一个放错位的 iPhone 内螺钉导致手机电池损坏，电池产生的烟雾弥漫了整个行李箱。

旅客行李中也包含大量的锂电池驱动设备。2012 年 3 月 20 日，国航 CA1742 成都—杭州航班托运行李中的锂电池在监卸过程中发生自燃事件。

2014 年 FAA 收到了 11 份由锂电池引发的火灾、烟雾、高热和爆炸事故的报告。IATA 称："这只是全球锂电池事故的一小部分，航空公司必须要使用清楚全面的方法来预防锂电池安全隐患。"

锂电池在人们日常生活中的广泛应用，使其可以通过客、货、邮各种形式进入航空运输。据统计，2014 年国内航空公司锂电池的运输总量占到了危险品运输总量的 94.71%，在中国的外国航空公司锂电池的运输量也占到了其危险品运输总量的 77%。目前，锂电池既是航空运输安全事故的高发区，也是航空运输安全监控的难点。

第二章　危险品运输限制

　　大多数危险品在严格遵守一定原则时，可以进行航空运输。某些危险品的危险性太大不适合采用航空运输方式，某些危险品只能由货机运输，而某些危险品客机和货机均可运输。允许空运的危险品有一系列的规定，并在《危险品规则》中称为"限制"（LIMITATIONS）。同时，每个国家和运营人可据此制定更为严格的限制，这称之为"差异"（VARIATIONS）。

第一节　危险品航空运输的流程

　　航空运输的对象包括客运、货运和邮件三种类别。

一、客运中的危险品运输

　　在航空客运中，旅客和机组所携带的物品或行李中，也可能包含有被相关法规允许的或隐含的危险品。危险品航空客运流程如图 2-1 所示。

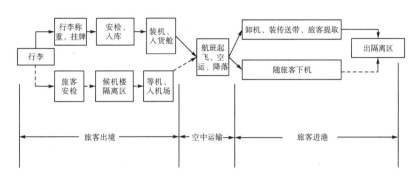

图 2-1　危险品航空客运流程

其中的旅客进港环节，在旅客携带的物品或交运行李中，可能含有隐含的危险品，需要由安检部门进行相应检查和确认。而旅客被允许携带进入航空器客舱的物品限制情况，参见本章第三节的内容。在空中运输环节，旅客在客舱内随身携带的危险物品，如锂电池或含有锂电池的电子设备，则需要听从客舱机组的指导，保证该物品在整个空中运输阶段始终处于安全状态。

二、货运中的危险品运输

在航空货运中，危险品航空运输属于航空货运中的一个部分，所运送的为危险品的包装件。

为系统了解危险品航空运输的相关要求，全面认识危险品航空运输的流程尤为必要，表 2-1 是从航空货运的角度，描述危险品从托运人、货运代理人、机场（地面服务代理人）、经营人到收货人的航空运输的具体过程。

托运人是指为货物运输与承运人订立合同，并在航空货运单或者货物记录上署名的人，主要负责危险品的识别、包装、粘贴标记标签，以及准备运输文件等。

货运代理人是指经经营人授权，代表经营人从事货物航空运输销售活动的企业，主要负责危险品的检查、收货和订舱。

机场（地面服务代理人）是指经经营人授权，代表经营人从事各项航空运输地面服务的企业，主要负责危险品的安检、储存和装载。

经营人是指以营利为目的使用民用航空器从事旅客、行李、货物、邮

件运输的公共航空运输企业，包括国内经营人和外国经营人，主要负责危险品的空中运输。

表 2-1　危险品航空货运过程表

①出港阶段			②空中运输	③进港阶段	
托运人	货运代理人	机场（地面代理人）	经营人	机场	收货人
识别/包装/标记/标签/运输文件	检查/收货/订舱	安检/储存/装载	空中运输	卸载/存储	收货

其中，在货物出港阶段，要由托运人对危险品进行识别，必要时，需要出具由鉴定机构开具的危险物品鉴定报告。对于确定的危险品，托运人或其代理人需要按照相关法规对其做正确的包装、粘贴标记标签，并准备危险品的申报单等运输文件。

具有危险品销售资格的货运代理人，可以代表航空公司进行危险品包装件的检查和接收，并准备订舱和准备货运文件。

具有危险品操作资格的机场（地面服务代理人），可以对危险品包装件进行安检、计重、仓储、打板拼装和装机、卸机等操作。

三、在任何情况下都禁止航空运输的危险品

某些危险品因危险性太大，在任何情况下都是禁止航空运输的。在正常运输条件下，易爆炸、发生危险反应、产生火焰或危险的热量，易散发危险性的毒性、腐蚀性或易燃性气体或蒸汽的任何物质，在任何情况下都禁止航空运输。在危险品品名表中列出了在任何情况下禁止航空运输的危险品的识别名称，没有 UN 编号并注明"Forbidden（禁止运输）"字样。应注意的是，任何情况下都禁止航空运输的危险品不可能被一一列出，因此，从事相关工作的人员应特别注意，确保此类物品不能登机。表 2-2 所列物质就是任何情况下都禁止航空运输的危险品。

表 2-2　任何情况下都禁止航空运输的危险品举例

UN/TD编号	运输品名称	类别或项别(次要危险)	危险性标签	包装等级	例外数量	客机和货机			仅限货机			S.P	ERC码
						限量			每个包装件最大净重	包装说明	每个包装件最大净重		
						包装说明	每个包装件最大净重	包装说明					
A	B	C	D	E	F	G	H	I	J	K	L	M	N
	Copper amine azide					—	—	Forbidden	Forbidden				
	Copper acetylide							Forbidden	Forbidden				

四、经过豁免可以空运的危险品

在十分紧急的情况下，或当其他运输方式均不合适时，或按照所规定的要求违背公众利益时，在尽力保证运输整体安全水平与国际航协《危险品规则》规定的安全水平一致的情况下，危险品经过有关国家（始发国、中转国、飞越国、货物抵达国及运营人所属国）豁免可进行航空运输。豁免文件应包括受豁免包装件的详细信息并与包装件放在一起。这些物品包括：

（1）具有下列性质的放射性物质：

①连续排放气体的 B（M）型放射性物质包装件；

②需要辅助冷却系统进行外部冷却的包装件；

③在运输过程中需要操作控制的包装件；

④具有爆炸性的放射性物质；

⑤可自燃的放射性液体。

（2）在国际航协《危险品规则》"危险品品名表"中标明是禁运的物质和物品。

（3）具有感染性的活体动物。

（4）属于Ⅰ级包装，吸入其雾气可导致中毒的液体。

（5）交运温度等于或大于 100℃ 的液态物质，或温度等于或大于 240℃ 的固态物质。

（6）国家主管当局指定的任何其他物品或物质。

第二节　隐含的危险品

在一般情况下，托运人申报的货物中可能不明显地含有危险性物品。货运或客运的接收人员在怀疑货物或行李中可能含有危险品时，必须认真检查，并从托运人和旅客那里证实每件货物或行李中所装运的物品，确保不出现隐含的危险品。当运营人提供了含有下列物品的包装件时，应按照要求检查并要求他们在"航空货运单"上声明该货物不具有危险性，如"不受限制"（Not Restricted）。

经验显示，通常在一些货物或行李中常含有隐含的危险品：

AOG航材（Aircraft on Ground，AOG）部件——见飞机零备件/飞机设备。

飞机零件/飞机设备（Aircraft Spare Parts/Aircraft Equipment）——可能含有爆炸物品（照明弹或其他烟幕弹）、化学氧气发生器、不能使用的轮胎装置、钢瓶或压缩气体（氧气、二氧化碳、氮气）、灭火器、油漆、胶黏剂、气溶胶、救生用品、急救箱、设备中的燃料、湿或锂电池、火柴等。

汽车、汽车零部件（Automobiles，Automobile Parts）——（轿车、机动车、摩托车）可能含有磁性物质，此类物质虽不符合对磁性物质的规定，但由于对飞机的仪器有影响而需要特殊装载；也可能含发动机、化油器，含有或装过油料的油箱、湿电池、轮胎充气装置中的压缩气体、灭火器、含氮震荡/撑杆、气袋冲压泵/气袋舱等。

呼吸器（Breathing Apparatus）——可能含有压缩空气或氧气瓶、化学氧气发生器或深冷液化氧气。

野营用具（Camping Equipment）——可能有易燃气体（丁烷、丙烷等）、易燃液体（煤油、汽油等）、易燃固体（六胺、火柴等）或其他危险品。

轿车、轿车部件（Car，Car Parts）——见汽车、汽车零部件等。

化学物品（Chemicals）——可能含有符合危险品所有标准的物品，尤其是易燃液体、易燃固体、氧化剂、有机过氧化物、毒性或腐蚀性物质。

运营人物资（Comat）——如飞机零件，可能含有不可或缺的危险品如旅客服务设备（PSU）中的化学氧气发生器，各种压缩气体如氧气、二氧化碳和氮气；气体打火机、气溶胶、灭火器；可燃液体如燃油、油漆和胶黏剂，及腐蚀性物质如电池。其他物品，如照明弹、急救包、救生设施、火柴、磁性物质等。

混装货物（Consolidated Consignments）——可能含有被定义为危险品的物品。

低温物品/液体（Cryogenic/Liquid）——指冷冻液化气体，如氩、氦、氖、氮等气体。

钢瓶（Cylinders）——可能含有压缩或液化气体。

牙科器械（Dental Apparatus）可能包含有易燃树脂或溶剂、压缩或液化气体、汞或放射性物质。

诊断标本（Diagnostic Specimens）——可能含有感染性物质。

潜水设备（Diving Equipment）——可能含装有压缩气体（空气、氧气等）的汽缸（如自携式潜水汽缸、潜水装汽瓶等）、具有高照明度的潜水灯具，当在空气中运转时可能产生极高的热量。为安全运载，灯泡或电池必须断开连接。

钻探及采掘设备（Drilling and Mining Equipment）——可能含有爆炸品或其他危险品。

液氮干装（Dry Shipper）——可能含有液体氮。只有在包装以任何朝向放置液氮都不会流出的情况下，才不受本规则限制。

电器设备（Electrical Equipment）——可能有带磁性的物质，或在开关传动装置和电子管中可能含汞，或可能含湿电池。

电动器械（轮椅、割草机、高尔夫拖车等）〔Electrically powered Apparatus (Wheelchairs, Lawn Movers, Golf Carts, etc)〕——可能装有湿电池。

探险设备（Expeditionary Equipment）——可能含有爆炸物质（照明弹）、易燃液体（汽油）、易燃气体（丙烷、野营燃气）或其他危险品。

摄影组或媒介设备（Film crew or Media Equipment）——可能含爆炸性烟火设备、内燃机发动机、湿电池、燃料、热发生器等。

冷冻胚胎（Frozen Embryos）——可能含有制冷液化气体或固体二氧化碳（干冰）。

冷冻水果、蔬菜等（Frozen Fruit，Vegetable，etc）——可能包装在固体二氧化碳（干冰）中。

燃料（Fuels）——可能含有易燃液、固体或易燃气体。

燃料控制器（Fuels Control Uuit）——可能含有易燃液体。

热气球（Hot Air Balloon）——可能含装有易燃气体的钢瓶、灭火器、内燃机、电池等。

家用物品（Household Goods）——可能含符合任一危险品标准的物品，包括易燃液体，如溶剂型油漆、胶黏剂、上光剂、气溶胶（对于旅客，根据国际航协《危险品规则》2.3节的规定将禁止携带）、漂白剂、腐蚀性的烤箱或下水道清洗剂、弹药、火柴等。

仪器（Instruments）——可能包括气压计、血压计、汞开关、整流管、温度计等含有汞的物品。

实验室/试验设备（Laboratory/Testing Equipment）——可能含符合任一危险品标准的物品，特别是易燃液体、易燃固体、氧化剂、有机过氧化物、毒性或腐蚀性物质。

机械备件（Machinery Parts）可能含有胶黏剂、油漆、密封胶、胶溶剂、湿或锂电池、汞、含压缩或液化气体的钢瓶等。

磁铁或类材料（Magnets And Other Items of Similar Material）——其单独或累积效应可能符合磁性物质定义。

医疗用品（Medical Supplies）——可能符合任一危险品标准的物品，特别是易燃液体、易燃固体、氧化剂、有机过氧化物、毒性或腐蚀性物质。

金属建筑材料，金属栅栏，金属管材（Metal Construction Material，Metal Fencing，Metal Piping）——可能含由于可能影响飞机仪器工作而需要符合特殊装载要求的铁磁性物质。

汽车零部件［Car，Motor，Motorcycle（轿车、机动车、摩托车）］——可能含有湿电池等。

旅客行李（Passengers Baggage）——可能含符合任一危险品标准的物品。例如，烟花、家庭用的易燃液体、腐蚀性的烤箱或下水道清洁剂、易燃气体或液态打火机燃料储罐或野营炉的气瓶、火柴、弹药、漂白粉、根据国际航协《危险品规则》2.3不允许携带的气溶胶等。

药品（Pharmaceuticals）——可能含符合任一危险品标准的物件，特别是放射性材料、易燃液体、易燃固体、氧化物、有机过氧化物、毒性或腐蚀性物质。

第三节　旅客或机组人员携带的危险品

一、禁止携带的危险品

1. 保险公文箱和公文包

内装有锂电池或烟火装置等危险品的保险公文箱及公文包绝对禁止携带。

2. 致残装置

装有压缩液态毒气、胡椒喷雾器和重头棍棒等刺激性或使人致残的器具，禁止随身携带或在交运行李和手提行李中携带。

3. 液氧装置

使用液态氧作为主要或次要氧气液的个人医用氧气装置，禁止随身携带或在交运行李和手提行李中携带。

二、可以作为交运行李接收的危险品

下列危险物品，经运营人允许时，仅可作为交运行李用航空器装运。

1. 固态二氧化碳（干冰）

在允许交运行李（或包裹）释放二氧化碳气体时，每人携带的用于易

腐败变质物品制冷剂的干冰的量不得超过 2 kg。

2. 体育运动用弹药

安全装箱的供旅客个人使用的体育运动用弹药（用于武器、小型枪支），其毛重限量不得超过 5 kg，且不含炸弹和燃烧弹。两名旅客允许携带的枪弹不得合成一个或数个包装件。

3. 装有非易漏电池的轮椅/辅助行动器材

装有非易漏电池的轮椅或电池驱动的辅助行动器材，电池处于非连接状态，电池终端须绝缘以防止意外短路，并且电池须牢固附于轮椅或辅助行动器材上。

4. 装有易漏电池的轮椅/辅助行动器材

装有易漏电池的轮椅或电池驱动的辅助行动器材，轮椅或辅助行动器材保持直立装运、存放、固定与卸下，并且电池须处于非连接状态，电池终端须绝缘以防止意外短路，并且电池须牢固附于轮椅或辅助行动器材上，如果轮椅或辅助行动器材不能直立装运、存放、固定与卸下，这样轮椅或辅助行动器材可作为非限制的交运行李携带。卸下的电池须按下列方式用牢固的硬式包装携带：

（1）包装须紧密坚固，电池液不得渗漏，并用适当的固定方式，如使用紧固带、托架或固定装置，将其固定在集装板上或固定在货舱内（非固定于货物或行李上）；

（2）电池须防其短路，应直立固定于包装内，周围填满吸附材料，使之能吸收电池所泄漏的全部溶液；这些包装须标有"BATTERY, WET, WITH WHEEL CHAIR"（轮椅用电池，湿的）或"BATTERY, WET, WITH MOBILITY AID"（辅助行动器材用电池，湿的）字样，并加贴"腐蚀剂"标签和"包装件方向"标签。

必须通知机长轮椅的位置或装有电池的辅助移动装置或安装好电池的位置。建议旅客事先同每一个运营人做好安排；方便时，应将易溢漏电池装上防溢漏盖。

三、仅可作为随身携带行李的危险品

下列危险物品，经运营人允许，仅可作为随身携带行李，用航空器装运：

1. 水银气压计或水银温度计

政府气象局或类似官方机构的每一代表可携带一支含水银的气压计或水银温度计，只作为随身行李登记。气压计或温度计须有坚固的外包装、密封内衬或防止水银泄漏的坚固防漏和防穿刺材料制成的口袋，以使以任何方式安置该包装时水银都不会从包装件中渗漏。机长须知晓机上有人携带气压计或温度计。

2. 产生热量的物品

产生热量的物品，诸如水下喷灯和焊接设备这类一旦受到意外催化即可产生高热和着火的电池驱动设备，只可作为随身行李携带。产生热量的部件或能源装置须拆下，以防运输中意外起作用。

四、可以作为随身携带或者交运行李携带的危险品

下列危险物品，经运营人允许，可作为交运或随身携带行李，用航空器装运：

1. 医用氧气

供医用的小型氧气瓶或空气瓶。

2. 装在救生衣内的二氧化碳瓶

装入每人自身膨胀救生衣内的小型二氧化碳瓶不得超过 2 个，此外备用弹药筒不得超过 2 支。

3. 冷藏液体氮的绝缘包装

含完全被渗透材料吸收并在低温下用于运输的非危险物品冷藏液体氮的绝缘包装不适合用于本规则，但绝缘包装的设计不会增加容器内的压力，而且以任何方向置放绝缘包装都不会使冷藏液体逸出。

五、可直接作为行李的危险品

下列危险物品，未经运营人允许，可作为行李，用航空器装运。

1. 药用或梳妆物品

非放射性药用或梳妆物品（包括化溶胶）。每一旅客或机组人员所携带这类物品的总净重量不得超过 2 kg 或 2 L，每一单件物品净重量不得超

过 0.5 kg 或 0.5 L。

　　注："药用或梳妆物品"这一术语指发胶、香水、科隆香水和含酒精的药物。

　　2. 用于机械肢的二氧化碳气瓶

　　用来操纵机械肢运动的小型二氧化碳气瓶。为保证旅途中的需要，还可携带同样大小的备份气瓶。

　　3. 心脏起搏器/放射性药剂

　　放射性同位素心脏起搏器或其他装置，包括那些植入人体内以锂电池为动力的装置或作为治疗手段置于人体内的放射性药剂。

　　4. 医疗/临床温度计

　　一支置于保护盒内个人用小型医疗和临床水银温度计。

　　5. 固态二氧化碳（干冰）

　　每人可在随身行李中，或经运营人允许在交运行李中，携带用于易腐败变质物品制冷剂的固态二氧化碳（干冰），总量不超过 2 kg，但包装能释放二氧化碳气体。

　　6. 安全火柴或打火机

　　个人用随身携带的安全火柴或一个可完全被一固体吸收的燃料/液体打火机。但是装有不能吸收的液体燃料（而非液体气）的易燃液体蓄池打火机、打火机燃料和打火机备份燃气不允许随身携带，也不可置于交运行李或随身行李中。

　　注："一划即燃"火柴禁止航空运输。

　　7. 酒精饮料

　　以零售包装的酒精饮料，其浓度在 24％以上，但不超过 70％；盛于容器中的此类饮料，每人携带的净重量不超过 5 L。

　　注：酒精浓度等于或低于 24％的酒精饮料不受任何限制，

　　8. 卷发器

　　含碳氢化合气体的卷发器，每一旅客或机组人员只可携带一支，但其安全盖紧扣于电热元件上。此种卷发器都不得在航空器上使用。此种卷发器的气体填充器不得装入交运的或随身携带的行李中。

第四节　航空邮件中的危险品

按照国际航空运输协会《危险品规则》的规定，万国邮政联盟（简称UPU）禁止通过航空邮件邮寄危险品或者在航空邮件内夹带危险品。

有的危险品可作为航空运输邮件收运，不过应根据有关国家邮政当局的规定及《危险品规则》的规定进行处理。这些邮件包括：

（1）传染性物质。邮寄传染性物质，应随附"托运人申报单"，并用固体二氧化碳冷冻。

（2）固体二氧化碳（干冰）。固体二氧化碳（干冰）可作为传染性物质的制冷剂进行航空运输，但应随附"托运人申报单"。

（3）放射性物质。

第五节　运营人资产中的危险品

《危险品规则》中关于危险品的规定，不得使用于航空运输运营人资产中的危险品。这些物品包括：

（1）航空器材。航空器材应归类为危险品，但是，它是按照有关航行的要求、操作规定及运营人所属国家规定应遵守的特殊要求而装载于航空器内的物品或物质。例如救生衣、紧急滑梯、救生筏等，它们都装有压缩气体瓶，有些还装有急救包和信号弹。

（2）消费品。运营人在飞行中使用或销售的诸如气溶胶、酒精饮料、香水、科隆水、安全火柴及液化气体打火机（但不包括一次性打火机和在低压条件下易漏气的打火机）等。

（3）固态二氧化碳（干冰）。在航空器内，用于食物和饮料的二氧化碳。

第六节 例外数量的危险品

极少量的危险品可以作为例外数量危险品载运，并可以免受国际航协《危险品规则》关于危险品标记、装载和文件要求的限制，该货物定义为例外数量的危险品。

一、适用范围

极少量的危险品可以作为例外数量危险品载运，并可以免受国际航协《危险品规则》关于危险品标记、文件要求的限制，但以下规定除外：

(1) 细节要求。

(2) 航空邮件中的危险品。

(3) 分类和包装等级。

(4) 装载限制。

(5) 危险品事故、时间和其他情况报告。

(6) 如属放射性物质，关于放射性物质例外包装件的要求。

(7) 定义。

二、允许以例外数量运输的危险品

只有允许客机运输且符合下列类别、项别和包装等级适用标准的危险品，方可按例外数量危险品的规定进行运输。

(1) 无次要危险性的可运物质，但不包括 UN1950、UN2037、UN2857、UN3164。

(2) 第 3 类物质，所有包装等级，但不包括次要危险性，包装等级Ⅰ级的物质和 UN1204、UN2059、UN3473。

(3) 第 4 类物质，Ⅱ级和Ⅲ级包装，但不包括自身反应物质和 UN2555、UN2556、UN2557、UN2907、UN3292、UN3476。

(4) 5.1 项的物质，Ⅱ级和Ⅵ级包装。

（5）限于装在化学品箱或急救箱的 5.2 项物质。

（6）除了Ⅰ级包装具有吸入毒性的那些物质外，所有 6.1 项中的物质。

（7）第 8 类物质，Ⅰ级和Ⅱ级包装，但 UN1774、UN2794、UN2795、UN2800、UN2803、UN2809、UN3028 和 UN3477 除外。

（8）第 9 类物质，仅限固态二氧化氮、转基因生物、转基因微生物。

（9）以上类别、项别和包装等级的物品和物质也可以是例外包装件中的放射性物质，关于放射性物质例外包装件参见本书第九章。

三、托运人责任

在向运营人交运货物前，托运人必须确保例外数量危险品的包装件能够承受正常航空运输的条件，不需要特别操作、装载或仓储条件，即可避免阳光直射、通风及远离热源等。

四、行李和航空邮件

例外数量的危险品不允许装入或作为交运行李、手提行李以及航空邮件运输。

五、包装

例外数量危险品运输所用的包装必须符合《危险品规则》2.7.5 中的各条要求，如下所述：

必须有一个内包装，而且内包装必须用塑料制造（当用于液体危险品包装时，它必须有不少于 0.2mm 的厚度），或者用玻璃、瓷器、石器、陶瓷或金属制造。每个内包装必须用衬垫材料牢固地包装在中间包装中，包装方式是要求在正常运输条件下，它们不破裂、穿孔或泄漏内容物。有足够的吸附材料，以吸收内包装的全部内容物。

高强度的刚性外包装（木材、纤维板或其他等强度材料）。

包装件要进行跌落和堆码试验，而且任何内包装没有断裂或泄漏，也不显著降低其效能。跌落试验从 1.8m 高度跌落至一个坚硬、无弹性、平坦的水平面。堆码试验在持续 24h 内对试样顶面施加一个等于同样包装件

（包括试样）堆码到 3m 高度总质量的力。

第七节　国家和运营人的差异

各国及运营人可以对国际航协《危险品规则》提出差异，这些差异通常要比 IATA 国际航协《危险品规则》中的要求更严格、更具限制性。

一、国家差异

已通报国际民用航空组织或国际航空运输协会的国家差异将会在它们各自的《危险品规则》中列出。

当这些差异较之国际航协《危险品规则》所包括的规定更具限制性时，它们应适用于下列危险物品的航空运输：

①到达、始发或经过所有运营人通告的国家领土的危险物品，应尊重该国的主权；

②通告国家领土以外的地方，对所有运营人面言，其通告的国家即是该运营人所属国。

如果这些差异不及国际航协《危险品规则》所包括的规定的限制性，则所列的差异仅作为参考，并且运营人仅可用于通知国为运营人国家的通知国境内。

1. 国家差异通报情况

下列国家/地区已通报差异：

国家/地区名　代码（代码范围）

澳大利亚——AUG（01—04）

比利时——BEG（01—05）

文莱——BNC（01）

加拿大——CAC（01—05）

丹麦——DKG（01）

法国——FRG（01—02）

德国——DEG（01—04）

中国香港——HKG（01—03）

印度——ING（01）

伊朗——IRC（01）

意大利——ITG（01—07）

日本——JPG（01—24）

马来西亚——MYG（01—06）

荷兰——NLG（01—02）

新西兰—— NZG（01—02）

巴基斯坦—— PKG（01—03）

俄罗斯联邦—— RUG（01—02）

沙特阿拉伯——SAG（01）

新加坡——SGG（01）

南非——ZAG（01）

西班牙—— ESG（01—05）

瑞士——CHG（01—02）

英国——GBG（01—03）

美国——USG（01—14）

瓦努阿——VUG（01—05）

2. 国家差异一览表范例

国家差异以三个英文字母组识别，最后一个字母都是"G"（意指国家），随后的是两个数字组，严格按顺序排列，自01开始，如"AUG—01"。差异按其指定的代研的字母顺序列出。

AUG（澳大利亚——Australia）

AUG—01　在特殊规定 Al 或 A2 示于"危险品品名表"M栏时，这些物质或物品，在事先无民航安全当局书面许可时，不得以客机运至、始发于澳大利亚或在澳大利亚境内运输。

AUG—02　下列物质在事先无民航安全当局书面许可时不得以客机或货机运至、始发于澳大利亚或在澳大利亚境内运输：

UN0050——闪光弹药筒

UN0275——动力装置用弹药筒

UN0054——信号弹药筒

UN0059——商业用锥形装筒

UN0065——柔性导爆索

UN0093——空投照明弹

UN0092——地面照明弹

UN0099——油井用爆炸性压裂装

UN0186——火箭发动机

UN0240——抛绳火箭

UN0195——呼救信号器

二、运营人差异

在国际航空运输协会备案的运营人差异将在国际航协《危险品规则》中列出，并按下列方式使用：

①运营人差异必须不低于国际航协《危险品规则》的限制。

②运营人差异适用于有关运营人所从事的一切运输。

运营人差异以航空公司的二字代码加编号的形式表示，编号始于"01"，例如"CA-01"。下列运营人已申报差异。

Adria Airways：亚德里亚航空公司（南斯拉夫）（JP）

Aer Lingus：爱尔兰航空公司（EI）

Aerolineas Argentinas；阿根廷航空公司（AR）

Aero Peru：秘鲁航空公司（PL）

Aero Mexico：墨西哥航空公司（AM）

Air Algerie：阿尔及利亚航空公司（AH）

Air Austral：澳大利亚航空公司（UU）

Air Berlin：柏林航空公司（AB）

Air Canada：加拿大航空公司（AC）

Air China：中国国际航空集团公司（CA）

Air Europa：欧罗巴航空公司（UX）

Air France：法国航空公司（LD）

Air Hong Kong：香港航空公司（中国香港）（LD）

Air Kenya Express Ltd：肯尼亚快运有限公司（P2）

Air Madagascar：马达加斯加航空公司（MD）

Air Mauritius：毛里求斯航空公司（MK）

Air Namibia：纳米比亚航空公司（SW）

Air New Zealand：新西兰航空公司（NZ）

Air Niugini：新几内亚航空公司（PX）

Air Pacific：太平洋航空公司（FJ）

Air Tehiti：塔西提航空公司（VT）

Air TehitiNui：波利西亚塔希提航空公司（TN）

Air Wisconsin：威斯康星航空公司（美国）（ZW）

Alaska Airlines：阿拉斯加航空公司（美国）（AS）

Alitalia Airlines：意大利航空公司（AZ）

All Nippon Airways：全日本航空公司（NH）

American Airlines：美国航空公司（AA）

Asiana：韩亚航空公司（OZ）

Austrian Airlines：奥地利航空公司（OS）

Avianca Airlines：哥伦比亚航空公司（AV）

Bangkok Airways：曼谷航空公司（PG）

Biman Bangladesh Airlines：孟加拉比曼航空公司（BG）

British Airways：英国航空公司（BA）

Brussels Airlines：布鲁塞尔航空公司（SN）

Cameroon Airlines：喀麦隆航空公司（UY）

Cargolux：卢森堡国际航空货运公司（CV）

Caribbean Airlines：加勒比航空公司（BW）

Carpatair SA：卡皮特航空公司（V3）

Cathay Pacific Airways：香港国泰航空公司（中国香港）（CX）

China Airlines：中华航空公司（中国台湾）（CI）

China Eastern Airlines：中国东方航空公司（MU）

China Southern：中国南方航空公司（CZ）

Comair：商业（控股）航空公司（MN）

Cóndor Flugdienst GmbH/Cóndor Berlin：秃鹰柏林航空公司（DE）

Copa Airlines-Cargo：巴拿马空运公司（货运）（CM）

Corsair：克尔斯航空公司（SS）

Corse Mediterranee：地中海科西嘉航空公司（法国）（XK）

Croatia Airlines：克罗地亚航空公司（OU）

Czech Airlines：捷克航空公司（OK）

Delta Air Lines：三角航空公司（美国）（DL）

Deutsche Lufthansa A．G（Lufthansa）：德国汉莎航空公司（LH）

DHL Air Limited：英国敦豪航空公司（DO）

Egypt Air：埃及航空公司（MS）

EIAI Israel Airline：以色列航空公司（LY）

Emirates：阿联酋国际航空公司（阿联酋）（EK）

Era Aviation：时代航空（美国）（7H）

Etihad Airways：阿联酋联合航空公司（阿提哈德）（EY）

European Air Transport-DHL：欧洲货运航空公司（QY）

EVA Airways：长荣航空公司（中国台湾）（BR）

Federal Express：联邦快递公司（美国）（FX）

Finnair：芬兰航空公司（AY）

Garuda Indonesis：印度尼西亚鹰航空公司（GA）

Great Wall Airlines：长城航空公司（IJ）

Gulf Air：海湾航空公司（中东地区海湾四国）（GF）

Hapag-Lloed FlugGmbH：哈帕克劳埃德航空公司（HF）

Hawaiian Airlines：夏威夷航空公司（HA）

Hong Kong Dragon Airlines（Dragonair）：港龙航空公司（中国香港）（KA）

Indian Airlines：印度航空公司（IC）

Iran Air：伊朗航空公司（IR）

Japan Airlines：日本航空公司（JL）

Yugoslav Airlines：南斯拉夫航空公司（JU）

Jetstar：捷星航空公司（JQ）

Kenya Airways：肯尼亚航空公司（KQ）

Korean Airlines：大韩航空公司（KE）

Lan Airlines：智利国家航空公司（LA）

Lauda Air LuftahrtAG：劳达航空公司（奥地利）（NG）

Luxair：卢森堡航空公司（LG）

Lufthansa Cargo Airlines：德国汉莎货运航空公司（LH）

Malaysia Airlines：马来西亚航空公司（MH）

Malev Hungarian Airlines：匈牙利航空公司（MA）

Martinair Holland：马丁荷兰航空公司（MH）

Miami Air International：中东航空公司（ME）

Mongolian Airlines：蒙古航空公司（DM）

Nippon Cargo Airlines：日本货运航空公司（KZ）

Northwest Airlines：西北航空公司（NW）

Philippine Airlines：菲律宾航空公司（PR）

Quantas Airways：快达航空公司（QF）

Qatar Airways：卡塔尔航空公司（QR）

Royal Jordanian：约旦皇家航空公司（RJ）

Scandinavian Airlines System：北欧航空公司（SK）

Saudi Arabian Airlines：沙特阿拉伯航空公司（SV）

Singapore Airlines/Singapore Airlines Cargo：新加坡航空（货运）公司（SQ）

Sky West Airlines：天西航空公司（OO）

Southern Air Transport：南方航空运输公司（SJ）

Spanair：斯潘航空公司（JK）

Swiss International：瑞士国际航空有限责任公司（LX）

TAM Linhas Aereas：巴西支线骨干航空公司（JJ）

Tampa Cargo：坦帕货物运输公司（QT）

Thai Airways International：泰国国际航空公司（TG）

Tunis Air：突尼斯航空公司（TU）

Turkish Airlines：土耳其航空公司（TK）

Transavia Airlines C.V：环航空运输公司（HV）

Ukraine International Airlines：乌克兰国际航空公司（PS）

United Airlines：联合航空公司（UA）

United Parcel Service：联合包裹服务公司（美国）（5X）

US Africa Airways：美非航空公司（E8）

Varig Logistica：瓦力格运输公司（LC）

Vietnam Airlines：越南航空公司（VN）

Virgin Atlantic：维珍大西洋航空公司（VS）

Yemen Airways：也门航空公司（IY）

第三章 危险品的分类

根据危险品所具有的不同的危险性，国际航协《危险品规则》将危险品分成九个不同的"CLASS（类）"来反映不同的危险类型，由于第1—6类危险品因其各自包括的危险性范围较宽而进一步细分为若干"DIVISION（项）"来说明其特定的危险性。许多危险品不只具有一种主要危险性，还具有一种或一种以上的次要危险性。

第一节 危险品类别

一、分类概述

九大类危险品类及其项别的编号顺序仅为了使用方便，与相应的危险程度没有任何关联，即：第1类危险品并不一定比第2、第3类危险品更危险。

1. 第1类——爆炸品（Explosives）

1.1项：具有整体爆炸危险性的物品和物质

1.2项：具有喷射危险性而无整体爆炸危险性的物品和物质

1.3项：具有起火危险性和轻微的爆炸危险性或轻微的喷射危险性，或两者兼而有之，但无整体爆炸危险性的物品和物质

1.4项：不存在显著危险性的物品和物质

1.5项：具有整体爆炸危险性的非常不敏感物质

1.6项：无整体爆炸危险性的极不敏感物质

2. 第 2 类——气体（Gases）

2.1 项：易燃气体

2.2 项：非易燃无毒气体

2.3 项：有毒气体

3. 第 3 类——易燃液体（Flammable Liquids）

4. 第 4 类——易燃固体、自燃物质、遇水释放易燃气体的物质（Flammable Solids；Substances Liable to Spontaneous Combustion；Substances Which in Contact with Water Emit Flammable Gases）

4.1 项：易燃固体

4.2 项：自燃物质

4.3 项：遇水释放易燃气体的物质

5. 第 5 类——氧化性物质和有机过氧化物（Oxidizing Substances and Organic Peroxide）

5.1 项：氧化性物质

5.2 项：有机过氧化物

6. 第 6 类——毒性物质和感染性物质（Toxic and Infectious Substances）

6.1 项：毒性物质

6.2 项：感染性物质

7. 第 7 类——放射性物质（Radioactive Material）

8. 第 8 类——腐蚀性物质（Corrosives）

9. 第 9 类——杂项危险品（Miscellaneous Dangerous Goods）

其中，第 1、2、4、5、6 类因其包括的范围较广又被细分为多个项别。

关于九类危险品的细分的类项名称以及对应的货运 IMP 代码（即 Interchange Message Procedures，简称 IMP），详见表 3—1。

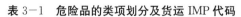

表 3-1 危险品的类项划分及货运 IMP 代码

类别	项别		货运 IMP 代码
第 1 类——爆炸品	1.1 具有整体爆炸危险性的物品和物质 1.2 具有喷射危险性但无整体爆炸危险性的物品和物质 1.3 具有起火危险性和轻微的爆炸危险性或轻微的喷射危险性，或两者兼而有之，但无整体爆炸危险性的物品和物质 1.4 不存在显著危险性的物品和物质 1.5 具有整体爆炸危险性的非常不敏感物质 1.6 无整体爆炸危险性的极不敏感物质	A 至 S，共 13 个配装组	REX RXB RXC RXD RXE RXG RXS
第 2 类——气体	2.1 易燃气体 2.2 非易燃无毒气体 2.3 有毒气体		RFG RNG RPG
第 3 类——易燃液体			RFL
第 4 类——易燃固体、自然物质、遇水释放易燃气体的物质	4.1 易燃固体 4.2 自燃物质 4.3 遇水释放易燃气体的物质		RFS RSC RSW
第 5 类——氧化性物质和有机过氧化物	5.1 氧化性物质 5.2 有机过氧化物		ROX ROP
第 6 类——毒性物质和感染性物质	6.1 毒性物质 6.2 感染性物质		RPB RIS
第 7 类——放射性物质	7.1 Ⅰ级——白色 7.2 Ⅱ级——黄色 7.3 Ⅲ级——黄色		RRW RRY RRY
第 8 类——腐蚀性物质			RCM
第 9 类——杂项危险品	杂项危险品 磁性材料 固体二氧化碳（干冰） 聚合物颗粒		RMD MAG ICE RSB

二、包装等级

"包装等级"的概念包括两种含义,一是针对包装性能,表示包装性能的强弱;二是针对危险货物危险性的大小。

第3类、第4类、第8类、第5.1项、第6.1项危险货物的危险程度,使用"包装等级"来衡量。根据它们所具有的危险程度被分为三个等级:

Ⅰ级包装——具有较大危险性的货物。

Ⅱ级包装——具有中等危险性的货物。

Ⅲ级包装——具有较小危险性的货物。

第9类的某些物质和5.1项中液体物质的"包装等级"不是根据任何技术标准而是根据经验划分的,在"危险品品名表"中列出了这些物质及其包装等级。

第1类、第2类、第5.2项、6.2项和第7类危险货物的危险程度,不使用"包装等级"来衡量。

第二节 九类危险品介绍

一、第1类——爆炸品

1. 爆炸品的定义

(1)爆炸性物质(物质本身不是爆炸品,但能形成气体、蒸气、粉尘爆炸环境者,不列入第1类),不包括那些太危险而无法运输或那些主要危险性符合其他类别的物质。

(2)爆炸性物品,不包括下述装置:其中所含爆炸性物质的数量或特性不会使其在运输过程中偶然或意外被点燃或引发后因迸射、发火、冒烟、发热或巨响而在装置外部产生任何影响。

(3)上述两款未提到的、为产生爆炸或烟火实用效果而制造的物质和物品。

2. 爆炸品的项别

爆炸品按其危险性程度的不同被划分为如下 6 个项别：

1.1 项，具有整体爆炸危险性的物品和物质；

1.2 项，具有喷射危险性而无整体爆炸危险性的物品和物质；

1.3 项，具有起火危险性和轻微的爆炸危险性或轻微的喷射危险性，或两者兼而有之，但无整体爆炸危险性的物品和物质；

1.4 项，不存在显著危险性的物品和物质；

1.5 项，具有整体爆炸危险性的非常不敏感物质；

1.6 项，无整体爆炸危险性的极不敏感物质。

3. 爆炸品的配装组

第 1 类爆炸品按其所表现出的危险性类型归入 6 个项别中的一个，并按其适合的爆炸品和物质类别归入 13 个装配组中的一个。

不同的爆炸品能否混装在一起运输，取决于其配装组是否相同。属于同一配装组的爆炸品能够在一起运输，属于不同配装组的爆炸品一般不能放在一起运输。爆炸品配装组成的划分见表 3-2，爆炸品危险性项别与配装组的组合见表 3-3。

表 3-2　爆炸品配装组成的划分

配装组	危险项别	物品或物质的分类
A	1.1	初级爆炸性物质
B	1.1；1.2；1.4	含有初级爆炸性物质且未安装两个或两个以上有效保险装置的物品。某些物品，例如引爆用雷管、雷管组合件、底火、火帽，虽然不含初级爆炸物质但亦包括在其中
C	1.1；1.2；1.3；1.4	发射药或其他含有这些物质的爆燃性物质或物品
D	1.1；1.2；1.4；1.5	次级爆轰炸药或黑火药，或含次级爆轰炸药的物品，它们均无引发装置和发射药或包括含初级炸药并配置两个或两个以上有效保险装置的物品
E	1.1；1.2；1.4	含有次级爆轰炸药，无引发装置，含发射药（装有易燃液体或凝胶或自燃液体的物品除外）
F	1.1；1.2；1.3；1.4	含有次级爆轰炸药，配置自身的引发装置，含发射药（装有易燃液体或凝胶或自燃液体的物品除外）或不含发射药的物品

续表

配装组	危险项别	物品或物质的分类
G	1.1；1.2；1.3；1.4	烟火药或烟火物品，或装有炸药和照明剂、燃烧剂、催泪剂或烟雾剂的制品（遇水活化制品或含白磷、磷化物、自燃物质、易燃液体或凝胶或自燃液体的物品除外）
H	1.2；1.3	同时含炸药和白磷的物品
J	1.1；1.2；1.3	同时含炸药和易燃液体或凝胶的物品
K	1.2；1.3	同时含炸药和化学毒剂的物品
L	1.1；1.2；1.3	同时含炸药和具有特殊危险性（如遇水活化，或含自燃液体、磷化物或自燃物质）而需要各型号间隔离的爆炸性物质或物品
N	1.6	只含极不敏感的爆轰炸药的物品
S	1.4	包装与设计具备如下条件的物质或物品或该物品在发生事故时只要包装件未被烧坏就可以把任何危险都限制在包装件内。其爆炸和抛射的影响范围很小，不会严重妨碍在附近采取消防或其他应急措施

注：D、E配装组的物品可以与其起爆装置安装或包装在一起，前提是其起爆装置有至少两种有效保险。此类物品和包装件必须划为D或者E配装组。

D、E配装组的物品可以与不具有两种有效保险的起爆装置包装在一起。起爆装置的意外起爆不会引起物品的爆炸，前提是经始发国有关当局的批准。此类包装件必须划为D或者E配装组。

表3-3　爆炸品危险性项别与配装组的组合

危险性	配装组													A－SΣ
	A	B	C	D	E	F	G	H	J	K	L	N	S	
1.1	1.1A	1.1B	1.1C	1.1D	1.1E	1.1F	1.1G		1.1J		1.1L			9
1.2		1.2B												10
1.3			1.3C											7
1.4		1.4B	1.4C	1.4D	1.4E	1.4F	1.4G						1.4S	7
1.5				1.5D										1
1.6												1.6N		1
1.1－1.6Σ	1	3	4	4	3	4	4	2	3	2	3	1	1	35

4. 运输限制

绝大多数的爆炸品，例如 1.1 项、1.2 项、1.3 项（仅有少数例外）、1.4F 项、1.5 项和 1.6 项的爆炸品，通常禁止航空运输。

仅有 1.4S 爆炸品可以在客机上运输。

5. 常见的爆炸品

（1）梯恩梯炸药（TNT）（1.1D）。

TNT 学名三硝基甲苯，是目前应用较多的一种烈性炸药，为黄色的片状晶体，粗制品为褐色，故又叫茶褐炸药，味苦，几乎不溶于水，故不易吸潮。见图 3-1。

图 3-1 TNT 粉末（左图）和粗制品（右图）

TNT 在空气中较稳定，放置较长时间也不起变化，但见日光易分解，不与金属作用，但与酸、碱都能生成不稳定的、敏感度更高的爆炸物。TNT 对撞击、摩擦及热量的敏感度相对要低些，虽接触火焰可以燃烧，但只要不是大量 TNT 同时燃烧，就不会导致爆炸。TNT 对爆炸能的敏感度却较高，起爆药很小的爆炸能就能引起它的殉爆。通常 TNT 在地面运输中比较安全。TNT 广泛用于装填各种炮弹、炸弹、火箭弹、地雷、水雷、鱼雷、手雷及爆破器材。

TNT 具有毒性，能通过呼吸器官、消化器官及皮肤侵入人体，引起脾脏中毒，发生贫血。皮肤接触 TNT 后易得皮炎。

（2）黑索金炸药（1.1D）。

黑索金是一种强烈的烈性炸药，也称为 RDX 和六素精，极易分解，但混以蜂蜡（作为脱敏剂），即使遇到高温也很稳定。黑索金可溶于熔融的 TNT 中，组成更为强烈的炸药。黑索金的爆炸能量高于其他单质烈性炸药，化学安定性良好，对一般的震动和摩擦敏感度较小，是当前最重要

的高威力炸药之一。用于制造雷管、传爆药柱及导爆索。黑索金组成的混合炸药大量用于装填炮弹、导弹、鱼雷、水雷等，也用作火药的高能组分。见图3-2。

图3-2　黑索金

（3）苦味酸。

苦味酸的学名2，4，6-三硝基苯酚，俗称黄色炸药；呈淡黄色晶体或粉末，味酸苦，有毒；熔点122℃，不易吸湿，难溶于冷水，较易溶于热水、苯、硝酸和硫酸，溶于乙醇、氯仿、乙醚，有强爆炸性，是军事上最早用的一种猛炸药。苦味酸的化学性质活泼，易与多种重金属反应生成机械感度较高的苦味酸盐。它能与有机碱生成难溶的晶体盐类，常用于有机碱的离析和提纯。苦味酸又是一种酸性染料，也可用于制造其他染料和照相药品。

苦味酸属于爆炸品，当含水量大于10％时，则属于易燃固体。其金属盐（如苦味酸钠、苦味酸铵等）也属爆炸品，但当其含水量大于一定值后，则属于易燃固体。见图3-3。

图3-3　苦味酸

（4）电雷管。

利用电能激发而爆炸的雷管叫电雷管。电雷管广泛用于国防建设和民用工业。电雷管可认为是一个由电发火件与火雷管结合而成的。电发火件通常由脚线（电极）、电桥丝、发火药和绝缘塞组成，这种结构常称电点火头。有的为满足战术技术条件的某种特殊需要，将能量大小不同的电能不仅转换为热能，也可转换成火花、冲击波、高速撞击的冲击片等多种形式的激发能，这种结构也称电发火装置。按电发火件（装置）的结构特点可将电雷管分为灼热桥丝式电雷管、灼热金膜电雷管、火花式电雷管、导电药式电雷管、屏蔽式导电药雷管、碳膜式电雷管、火—电两用雷管、针刺—电两用雷管等。随着科学技术的发展，为满足高安全性、高可靠性、高瞬发和高同步的需求，爆炸桥丝（或膜）式电雷管、半导体桥电管、微电子雷管、三防（防静电、防射频、防杂散电流）电雷管、冲击片雷管和片雷管等相继研制成功。见图3-4。

图3-4 电雷管

（5）导火索。

导火索是利用黑火药、延期药等药剂，用于传递燃烧火焰，达到延期点火目的的索类火工品，按用途不同分为军用导火索和民用导火索。军用导火索中包括手弹导火索及金属管延期索。典型金属管延期索的燃烧时间精度要求高、可靠性高。民用导火索包括普通导火索、石炭导火索、塑料导火索、秒延期导火索、速燃导火索和缓燃导火等，它由药芯、芯线、包缠层及防潮层构成。导火索可用香火、点火索、点火器具、拉火管或其他明火点燃，可在兵器、航天器、导弹战斗部及引信、手榴弹中作延时传火组件，也可在无爆炸性气体和可燃性粉尘情况下引爆火焰雷管。见图3-5。

图 3-5 导火索 (左图) 和烟花爆竹 (右图)

(6) 烟花、爆竹。

烟花、爆竹统称为花炮,是我国传统的工艺品,历史悠久,品种繁多。有欢庆节日的大型商业礼花,有应用于航海、渔业的求救信号弹,有体育、军事训练用的发令纸炮、纸壳手榴弹,还有农业、气象用的土火箭等。

烟花、爆竹大都是以氧化剂 (如氯酸钾、硝酸钾、硝酸钡等) 与可燃物质 (如木炭、硫黄、赤磷、镁粉、铝粉等) 再加以着火剂 (如钠盐、锶盐、钡盐、铜盐等)、粘合剂 (如酚醛树脂、虫胶、松香、糯糊等) 的物质,按不同用途,装填于泥、纸、绸质的壳体内。其组成成分虽然与爆炸品相同,而且还有氧化剂成分,应该是很敏感很危险的,但大部分烟花、爆竹类产品用药量很少,这就决定了它具有较好的安全性。但如果对其包装不妥或对其爆炸危险性认识不足,同样也会造成爆炸事故。逢年过节,由于旅客的行李中夹带烟花、爆竹而酿成的事故屡见不鲜。因此,各种运输方式都绝对禁止旅客夹带烟花、爆竹。

二、第 2 类——气体

1. 定义

气体是指在 50℃下,蒸汽压高于 300kPa,或在 20℃标准大气压为 101.3kPa 下,完全处于气态的物质。

2. 运输状态

第 2 类气体的运输状态包括:压缩气体、液化气体、溶解气体、吸附气体、冷冻液化气体、一种或几种气体与一种或多种其他类别物质的蒸汽的混合物、充有气体的物品和气溶胶。

压缩气体是指在-50℃包装在高压容器内运输时，完全呈现气态的气体（在溶液中者除外）。

液化气体是指在-50℃在运输包装内，部分呈现液态的气体。

溶解气体是指在运输包装内溶解于某种溶剂的压缩气体。

吸附气体是指在运输时吸附在多孔固体材料中，使其内压在 20℃ 时不低于 101.3kPa，并且在 50℃ 下不高于 300kPa 的气体。

冷冻液化气体是指由于自身温度极低而在运输包装内，部分呈现液态气体。

气溶胶见以下第 4 条。

3. 项别

根据运输中气体的主要危险性，将属于第 2 类的物质分为三项。

（1）易燃气体（2.1 项）。

易燃气体是指在 20℃标准大气压为 101.3kPa 下与空气混合，含量不超过 13% 时可燃烧；或与空气混合，燃烧的上限与下限之差不小于 12%（无论下限是多少）的气体。

常见的易燃气体包括氢气、乙炔、甲烷等。

氢气：是最轻的气体，无色、无味、无嗅，高度易燃，极难溶于水。氢气燃烧可导致较高的温度，在纯氧中燃烧，火焰温度可达到 2500～3000℃，可作焊接用。液氢可作火箭和航天飞机的燃料。氢气与氧气或氢气与空气的混合气体遇明火可能会发生强烈的爆炸。氢气瓶漏气后遇明火或高温会爆炸。所以氢气不能与任何氧化剂，尤其是氧气、氯气等混储、混运。

乙炔：俗名电石气。纯净的乙炔是无色、无味、无嗅的气体，工业乙炔因含有杂质磷化氢而具有特殊的刺激性气味。乙炔非常易燃，也极易爆炸，当空气中含乙炔 7%～13% 或纯氧中含乙炔 30% 时，压力超过 1.5 个大气压，不需明火也会爆炸，所以乙炔气体最大储存压力为 1.5 个大气压。但乙炔溶解在丙酮或二甲基甲酰胺溶液中能保持稳定，这种溶解性乙炔可在较高的压力下储存，室温下为 15～20 个大气压，故在储运中乙炔常溶解在丙酮中。乙炔钢瓶除了有乙炔气的危险性外，还有丙酮溶剂的危险性。

（2）非易燃无毒气体（2.2项）。

指在20℃下，压力不低于280kPa运输的气体、冷冻液化气体以及具有窒息性（通常会稀释或取代空气中的氧气）或氧化性（一般通过提供氧气可比空气更能引起或促进其他材料燃烧）的气体。

常见的非易燃无毒气体包括氧气、二氧化碳、氮气等。

氧气是无色、无味、无嗅、微溶于水的气体。氧气具有较强的氧化性，几乎能与所有的元素化合。在空气中能发生氧化反应的物质，在纯氧中反应加剧。如油脂在氧气中发生的氧化反应要比在空气中剧烈得多。高压氧气喷射在油脂上会引起燃烧或爆炸，因此，氧气瓶在储运时，不得与油脂配装，不得用油布覆盖；储运地不得有残留的油脂；储运工具不得使用油脂润滑；操作人员不得穿戴沾有油污的工作服和手套。

（3）有毒气体（2.3项）。

指已知其毒性或腐蚀性可危害人体健康的气体，即根据试验，LC50的数值小于或等于5000mL/m³，其毒性或腐蚀性可能危害人类的气体。

常见的有毒气体包括氯气、一氧化碳、氯化氢、硫化氢等。

氯气是一种黄绿色的剧毒气体，有强烈的刺激性气味。人体吸入含氯气超过0.1~0.5g/L的空气，会发生咽喉、鼻、支气管痉挛、眼睛失明，并导致肺炎、肺气肿、肺出血而死亡；人体吸入含氯气超过2.5g/L的空气，会立即窒息而死。氯气可溶于水，常温下1体积水可溶解2.5体积氯气，故氯气泄漏时，可大量浇水，或迅速将其推入水池，或用潮湿的毛巾捂住口鼻，以减轻危害。

硫化氢是具有刺激性和窒息性的无色气体，有剧毒，低浓度时有臭鸡蛋气味，但极高浓度很快引起嗅觉疲劳而不觉其味。硫化氢低浓度接触仅有呼吸道及眼的局部刺激作用，高浓度时全身作用较明显，表现为中枢神经系统症状和窒息症状。

硫化氢是一种重要的化学原料，易溶于水，亦溶于醇类、石油溶剂和原油。硫化氢燃点为292℃，与空气混合能形成爆炸性混合物，遇明火、高热能引起燃烧爆炸。一旦发生硫化氢泄漏应迅速撤离泄漏区人员至上风处，并立即进行隔离，可使用喷雾状水稀释、溶解并构筑围堤或挖坑收容产生的大量废水，严格限制出入，切断火源。应急处理人员应戴空气呼吸器，穿防化服。

注意：当气体的危险性涉及一项以上时，其主要危险性的确定方法如下：2.3 项对 2.1 项和 2.2 项来说，为主要危险性。2.1 项对 2.2 项来说，为主要危险性。即主要危险性确定的顺序为：2.3 项→2.1 项→2.2 项。

4. 气溶胶（Aerosols）

气溶胶是第 2 类危险物品中的一种。它是指装有压缩气体、液化气体或加压溶解气体的一次性使用的金属、玻璃或塑料制成的带有严密闸阀的容器，当闸阀开启时，可以喷出悬浮着固体或液体小颗粒的气体，或喷出泡沫、糊状物、粉末、液体或气体。日常生活中常见的气溶胶包括罐装杀虫剂、喷发胶、摩丝等。

对于气溶胶，第 2 类的项别和次要危险性取决于气溶胶喷雾器中内装物的性质。其中，含有 2.3 项的气体的气溶胶禁止运输。内装物的毒性或腐蚀性达到包装等级 I 级的气溶胶禁止运输。内装物含有 II 级毒性或腐蚀性的气溶胶禁止运输，除非得到豁免。

表 3-4　气体的项别

危险性标签	名称/分类/IMP 代码	描述	注解或举例
	Flammable Gas（易燃气体）/2.1 项/RFG	任何与空气按一定比例混合时形成易燃混合物的气体	丁烷
	Non-Flammable non-toxic Gas（非易燃无毒气体）/2.2 项/RNG	任何非易燃无毒的气体或冷冻液体状态的气体	二氧化碳
	Toxic Gas（毒性气体）/2.3/RPG	已知具有毒性或腐蚀性强到对人的健康造成危害的气体	大部分毒性气体禁止空运；有一些可以空运，如低毒性的气溶胶等

民航危险品运输概论

三、第 3 类——易燃液体

1. 易燃液体的定义

第 3 类包括易燃液体、液体混合物或含有固体物质的液体，但不包括其危险特性已列入其他类别的液体。

在闭杯闪点实验中温度不超过 60℃。所谓闪点，即在规定条件下，可燃性液体加热到它的蒸气和空气组成的混合气体与火焰接触时能产生闪燃的最低温度。闪点是表示易燃液体燃爆危险性的一个重要指标，闪点越低，燃爆危险性越大。易燃液体是在常温下极易着火燃烧的液态物质，如汽油、乙醇、苯等。这类物质大都是有机化合物，其中很多属于石油化工产品。

托运液体的温度达到或超过其闪点的，该种液体被认为是易燃液体。以液态形式在高温中运输或托运的，并且在低于或达到运输的极限温度（即该物质在运输中可能遇到的最高温度）时，放出易燃蒸气的物质也被认为是易燃液体。

减敏的液态爆炸品是指溶解或悬浮在水中或其他液体物质中，形成一种均匀的液体混合物，以抑制其爆炸性的爆炸性物质。如国际航协《危险品规则》4.2 表中的减敏的液态爆炸品条目：UN1204、UN2059、UN3064、UN3343、UN3357、UN3379。

2. 包装等级的标准

根据危险品的危险性程度不同将危险品的危险性分为三个包装等级：Ⅰ级——危险性较大；Ⅱ级——危险性中等；Ⅲ级——危险性较小。

3. 易燃液体的包装等级

易燃液体的包装等级是按照其闪点和沸点来划分的，具体划分的标准见表 3-5。

表 3-5　第 3 类危险品包装等级划分

包装等级	闪点（闭杯）	初始沸点
Ⅰ	—	低于或等于 35℃
Ⅱ	低于 23℃	高于 35℃
Ⅲ	高于或等于 23℃，但是低于或等于 60℃	高于 35℃

4. 易燃液体的危险性标签。

表 3-6 易燃液体的危险性标签

危险性标签	名称/分类/IMP 代码	描述	注解或举例
	Flammable Liquid（易燃液体）/RFL	在闭杯闪点试验中温度不超过 60℃，或者在开杯闪点试验中温度不超过 60℃时，放出易燃蒸气的液体、液体混合物、固体的溶液或者悬浊液	油漆、带有易燃溶剂的香料产品、汽油

5. 常见易燃气体

乙醇：纯净乙醇是一种无色透明易挥发的液体，闪点为 13℃，沸点 79℃，相对密度 0.79（20℃）。乙醇无限溶于水，并能溶于乙醚等。乙醇在水中的含量不同，其参数也随之变化，如 30% 的酒精水溶液，闪点为 35.5℃，50%～60% 的酒精水溶液，闪点为 22.5～25.5℃。

工业酒精往往在酒精中加入毒性或带异味的物质，如甲醇、吡啶甚至航空煤油等变性剂。由于不同用途的乙醇含量不同，在运输时，应加以区别对待。国际民航组织（ICAO）和国际航协（1ATA）关于乙醇溶液的规定：在货物运输时，体积百分含量小于或等于 24%，属于普通货物；体积百分含量大于 24%，属于空运危险品。在旅客运输时，旅客或机组行李中的酒精饮料含乙醇在 24%～70% 之间，可携带总数量不超过 5L，中国民航局限 2 瓶，总重量不超过 1 公斤。（我国对于酒精饮料规定变动较大，请参考最新规定。）旅客自行购买的酒精饮料：体积百分比小于 70%（含），不可随身携带，必须办理托运。每人每次不得超过 2 瓶（1公斤/2 瓶）。安检后在机场候机楼内购买的酒精饮料：A. 体积百分比含量小于或等于 24%，不受限制。B. 体积百分比大于 24%，小于 70%（含），每人携带净重不超过 5L（带上飞机）。C. 体积百分比大于 70%，禁止带入客舱。（PS：酒精百分比含量就是酒精度）见图 3-6。

图 3-6 乙醇（左图）和汽油（右图）

汽油：是轻质石油产品中的一大类。其主要成分为分子式含碳原子
7～12个的烃类混合物，是一种无色至淡黄色的易流动的油状液体。闪点
低（－45℃），挥发性极强，不溶于水，比水轻。作为溶剂的汽油，没有
添加其他物质，故毒性较小；作为燃料的汽油，因加入四乙基铅等抗爆
剂，从而大大增加了毒性。

苯：在常温下为一种无色、有甜味的透明液体，并具有强烈的芳香气
味。苯可燃，毒性较高，是一种致癌物质。可通过皮肤和呼吸道进入人
体，在体内极难降解，因为其有毒，常用甲苯代替。苯是一种碳氢化合
物，也是最简单的芳烃。它难溶于水，易溶于有机溶剂，本身也可作为有
机溶剂。苯是一种石油化工的基本原料。

松节油：松节油为无色至淡黄色、有松香气味的有机溶剂，大量用于
油漆工业作为稀释剂；不溶于水；闪点为35℃，受热、遇明火、强氧化
剂有燃烧危险；有轻度刺激；纯化的松节油是用于扭伤、碰伤等外部擦拭
剂的主要成分。见图3-7。

图 3-7 苯（左图）和松节油（右图）

表 3-7 《危险品规则》易燃液体运输规则举例

UN/ID 编号	运输专用名称	类别或项别（次要危险）	危险性标签	包装等级	例外	客机和货机				仅限货机		特殊规定	应急代码
						限量		包装说明	每个包装件最大净重	包装说明	每个包装件最大净重		
						包装说明见2.4	每个包装件最大净重						
A	B	C	D	E	F	G	H	I	J	K	L	M	N
1203	Motorspirit 车用汽油	3	Non-flamm Liquid	Ⅱ	E2	Y305	1L	305	5L	307	60L	A100	3H
1278	1-Chloropropane 丙基氯	3	flammable. Liquid	Ⅱ	E0	—	—	Forbidden	60L	308	60L	A1	3H
2850	Propylene-tetramer 四聚丙烯	3	flammable. Liquid	Ⅲ	E1	Y309	10L	309	60L	310	220L		3L

四、第 4 类——易燃固体、自燃物质、遇水释放易燃气体的物质

第 4 类危险品分为下列 3 项：4.1 项易燃固体（Flammable Solids）；4.2 项自燃物质（Substances Liable to Spontaneous Combustion）；4.3 项遇水释放易燃体的物质（Substances Which in Contact with Water Emit Flammable Gases）。

1. 易燃固体（4.1 项）

4.1 项是指在运输过程中容易燃烧或摩擦容易起火的固体，容易进行强烈的放热反应的自身反应及其相关物质，以及不充分降低含量可能爆炸的减敏爆炸品。

4.1 项包括：易燃固体；自身反应及其相关物质；减敏的爆炸品。

（1）易燃固体。

易燃固体是指易于燃烧的固体和摩擦可能起火的固体。易于燃烧的固

体为粉状、颗粒状或糊状物质，这些物质如与燃烧着的火柴等火源短暂接触极易起火，并且火焰会迅速蔓延，十分危险。危险不仅来自于火，还可能来自毒性燃烧产物。金属粉末特别危险，一旦着火就难以扑灭，因为常用的灭火剂如二氧化碳或水只能增加其危险性。

易燃固体的分类及包装等级的划分，必须依据有关规则中的试验方法和标准，以及联合国关于危险物品运输的建议措施《试验和标准手册》第Ⅲ部分的规定进行试验，并根据试验结果确定相应的包装等级。

常见易燃固体有红磷、硫磺、萘等。

红磷：又叫赤磷，为紫红色粉末，无毒、无嗅，不溶于水和有机溶剂，略溶于无水酒精。红磷摩擦极易燃烧，但不自燃；在空气中与氧能发生缓慢氧化，氧化产物易潮解；与大多数氧化剂如氯酸盐、硝酸盐、高氯酸盐等接触都会组成爆炸性十分敏感的混合物而立即爆炸。

硫磺：又叫硫。纯硫在室温下为无嗅的淡黄色晶体，质脆，很容易被研成粉末，不溶于水；当将其加热到 110~119℃ 时，会熔化为易流动的黄色液体，温度再升高时变为暗棕色的黏稠物；当温度升到 300℃ 时又恢复为易流动的液体，当温度升到 444.4℃ 时沸腾，生成橙黄色的硫蒸气。硫蒸气被急剧冷却时就得到硫的粉末。硫的粉末与空气混合能产生粉尘爆炸；与卤素、金属粉末接触会产生剧烈反应，与氧化剂接触能形成爆炸性混合物；遇明火、高温易发生燃烧，燃烧时散发有毒、有刺激性的气体。

萘：为白色块状结晶。不纯的粗萘呈灰棕色，具有一种类似樟脑的特殊气味，不溶于水，易溶于醚和热的醇中，在高温下可升华；燃烧时光弱，烟多。萘是重要的工业原料，用于制备染料、溶剂等，也可直接用来做防虫剂（即卫生球）。

（2）自身反应及相关物质。

4.1 项的自身反应物质是即使没有氧（空气）也容易发生激烈放热分解的热不稳物质。

但是，若其满足下列条件之一，则不再作为 4.1 项的自身反应物质：

①符合第 1 类标准的爆炸品；

②符合 5.1 项标准的氧化剂；

③符合 5.2 项标准的有机过氧化物；

④分解热低于300J/g的物质；

⑤在一个50kg的包装件内，自身加速分解的温度高于75℃的物质。

自身反应物质的分解可因热量与催化性杂质（如酸、重金属化合物、碱）接触摩擦或碰撞而开始。分解速度随温度而增加，且因物质而异。分解，特别是在没有着火的情况下，可能放出毒性气体或蒸气。对某些自身反应物质，温度必须加以控制。有些自身反应物质可能起爆炸性分解，特别是在封闭的情况下。这一特性可以通过添加稀释剂或使用适当的包装来加以改变。

自身反应物质主要包括下列类型的化合物：

①脂族偶氮化合物；

②有机重氮化合物；

③重氮盐；

④亚硝基化合物；

⑤芳族硫酰肼。

（3）减敏爆炸品。

减敏爆炸品是被水或醇浸湿或被其他物质稀释而抑制其爆炸性的物质。

为了保证运输安全，可以使用稀释剂将自身反应物质作减敏处理。使用某种稀释剂时，必须采用与实际运输中含量与状态完全相同的稀释剂进行自身反应物质的试验。

2. 自燃物质（4.2项）

4.2项自燃物质指在正常运输条件下能自发放热，或接触空气能够放热并随后易于起火的物质。根据其与空气反应的剧烈程度可分为自动燃烧物质（发火物质）和自发放热物质。

（1）自动燃烧物质（发火物质）。

自动燃烧物质又叫发火物质，是指在正常运输条件下能自发放热，或接触空气能够放热并随后起火的物质，包括混合物和溶液在内的物质（固态或液态）。这些物质即使在数量极少时，如与空气接触仍可在5分钟内起火，极易自动燃烧。自动燃烧物质的包装等级永远是Ⅰ级。

常见的自动燃烧物质有：黄磷，活性炭，硝化纤维胶片，油浸的麻、

棉、纸制品等。

黄磷：又称白磷，呈白色或淡黄色半透明蜡状固体，不溶于水，自燃点 30℃，在空气中暴露一两分钟即会自燃，所以一般情况下都把它浸没在水中保存。黄磷发生火灾时应用雾状水扑救，以防止飞溅，也可用沙土覆盖，并用水浸湿沙土防止复燃。黄磷有剧毒，成人口服 60mg 可致死。

（3）自发放热物质。

在无外部能量供应的情况下，与空气接触可以放热的固体物质，称为自发放热物质。它们只有在数量大（数公斤）且时间长（数小时或数天）的情况下才能被点燃。自发放热物质发生自燃现象，是由于与空气中的氧发生反应并且热量不能及时散发的缘故。当放热速度大于散热速度而达到自燃温度时，就会发生自燃。

自发放热物质的包装等级为Ⅱ级、Ⅲ级，但必须依据相关法规中的试验方法和标准，以及联合国关于危险物品运输的建议措施《试验和标准手册》第Ⅲ部分的规定进行试验，并根据试验结果确定相应的包装等级。

3. 遇水释放易燃气体的物质（4.3 项）

遇水释放易燃气体的物质是指与水接触放出易燃气体（遇湿危险）的物质。这类物质与水反应易自燃或产生足以构成危险数量的易燃气体。

某些物质与水接触可以放出易燃气体，这些气体与空气可以形成爆炸性的混合物。这样的混合物极易被一般的火源引燃，例如发火花的手工工具或未加保险装置的灯泡等。燃烧产生的爆炸冲击波和火焰既会危及人的生命又会破坏环境。

4.3 项遇水释放易燃气体的物质的分类及包装等级划分，必须依据 IATA《危险品规则》中的试验方法和标准，以及联合国关于危险物品运输的建议措施《试验和标准手册》第Ⅲ部分的规定进行试验，并根据试验结果确定相应的包装等级。

常见的遇水释放易燃气体的物质有碱金属、保险粉和碳化钙等。

碱金属：常见的有锂、铯、钾等，都是银白色的金属（铯略带金色光泽），密度小，熔点和沸点都比较低，标准状况下有很高的反应活性；质地软，可以用刀切开，露出银白色的切面。由于碱金属化学性质都很活泼，一般将它们放在矿物油中或密封在稀有气体中保存，以防止与空气或水发生反应。碱金属都能和水发生激烈的反应，生成强碱性的氢氧化物，相对原子质量越大反应能力越强。

保险粉：连二亚硫酸钠，也称为保险粉，是一种白色砂状结晶或淡黄色粉末，不溶于乙醇，溶于氢氧化钠溶液，遇水发生强烈反应并燃烧。与水接触能放出大量的热的二氧化硫气体和易燃的硫黄蒸气而引起剧烈燃烧，遇氧化剂、少量水或吸收潮湿空气能发热，引起冒黄烟，燃烧，甚至爆炸。连二亚硫酸钠有毒，对眼睛、呼吸道黏膜有刺激性。它在纺织工业、食品加工业中被作为漂白剂广泛使用。

碳化钙：俗称电石，是无机化合物，白色晶体，工业品为灰黑色块状物，断面为紫色或灰色，遇水立即发生激烈反应，生成乙炔，并放出热量。碳化钙是重要的基本化工原料，主要用于产生乙炔气，也用于有机合成、氧炔焊接等。电石桶要密封充氮或设放气孔。

五、第 5 类——氧化性物质和有机过氧化物

第 5 类危险物品分为两项：5.1 项氧化性物质（Oxidizing substances）；5.2 项有机过氧化物（Organic peroxides）。

1. 氧化性物质（5.1 项）

氧化性物质是自身不一定可燃，但可以放出氧而有助于其他物质燃烧的物质。通常氧化性物质的化学性质活泼，可与其他物质发生危险的化学反应，并产生大量的热量。这些热量可以引起周围可燃物着火。

氧化性物质的分类及包装等级划分，须按照有关规则中的试验方法、程序和标准，以及联合国关于危险物品运输的建议措施《试验和标准手册》第Ⅲ部分的规定进行试验，并根据试验结果确定相应的包装等级。如果试验结果与经验不符，应以根据经验做出的判断为准。

氧化性物质的危险特性有：

①化学性质活泼，可与很多物质发生危险的化学反应；

②不稳定，受热容易分解；

③吸水性；

④毒性和腐蚀性。

常见的氧化性物质有过氧化氢（双氧水）、过氧化钠、硝酸钾、氯酸

钾和三氧化铬。

过氧化氢：纯过氧化氢是淡蓝色的黏稠液体，可任意比例与水混合，是一种强氧化剂，水溶液俗称双氧水，为无色透明液体。其水溶液适用于医用伤口消毒及环境消毒和食品消毒。工业上可以用作原料生产酒石酸、维生素等的氧化剂、过氧化氢溶液漂白剂等。高浓度的过氧化氢可用作火箭动力燃料。在一般情况下，过氧化氢会分解成水和氧气，但分解速度极慢。

2. 有机过氧化物（5.2项）

分子组成中含有二价过氧基（－O－O－）的有机物称为有机过氧化物。有机过氧化物遇热不稳定，它可以放热并因而加速自身的分解。此外，它还可能具有易于爆炸分解、速燃、对碰撞和摩擦敏感、与其他物质发生危险的反应、损伤眼睛等一种或多种特性。

注意：在运输中需要控制温度的有机过氧化物，除非特别批准，一律禁止航空运输。

在运输过程中，含有机过氧化物的包装件或集装器必须避免阳光直射，远离名种热源，放置在通风良好的地方，不得将其他货物堆码其上。为了确保运输安全，在很多情况下，有机过氧化物可以使用有机液体或固体、无机固体或水进行减敏处理。

有机过氧化物的危险特性有：

①有机过氧化物比氧化剂更易分解；

②绝大多数是可燃物质，有的甚至是易燃物质；

③容易发生爆炸且产生有害或易燃气体。

常见的有机过氧化物有过氧化二苯甲酰等。

过氧化二苯甲酰：白色晶体。具有低毒和刺激性，溶于苯、氯仿、乙醚，微溶于乙醇及水。其性质极不稳定，遇到摩擦、撞击、明光、高温、硫及还原剂，均有引起爆炸的危险。将其储存时应注入25％～30％的水。过氧化二苯甲酰在工业上被广泛用作聚氯乙烯、不饱和聚酯类、聚丙烯酸酯等的单体聚合引发剂，也可作聚乙烯的交联剂，还可作橡胶硫化剂，也可用作漂白剂和氧化剂。

六、第 6 类——毒性物质和感染性物质

第 6 类危险品分为两项：6.1 项毒性物质；6.2 项感染性物质。

1. 毒性物质（6.1 项）

（1）定义。

6.1 项毒性物质是指在进入人体后，可导致死亡或危害健康的物质。来源于植物、动物或其他菌源的毒素，如不含感染性物质或微生物，也应分类为 6.1 项。

6.1 项毒性物质是指在常温、常压下呈液态或固态的物质，气态的毒性物质列为 2.3 项毒性气体。

（2）毒理基础知识。

急性毒性指的是一定量的毒物一次对动物产生的毒害作用。慢性毒性指的是动物与毒物长期接触，在体内蓄积所产生的毒害作用。对某毒物毒性的测定是用动物进行的，通常认为动物致死所需毒物的摄入量（或浓度）越小，则该毒物的毒性越大。

常用到的毒性指标有致死中量，又称"半数致死量"，用"LD50"表示，是指能使一群试验动物（如小白鼠、家兔等）死亡 50％时，每 1kg 体重的毒物用量（mg/kg）。毒物进入人体的途径通常有口服、皮肤接触和呼吸系统吸入等。

急性口服毒性，用"LD50"表示，是指用统计方法得出的一种物质的单一剂量，该剂量可预期使口服该物质的年轻成年白鼠的 50％在 14 天内死亡，以试验动物的质量与试验物质的质量比值表示（mg/kg）。

急性皮肤接触毒性，用"LD50"表示，是使白鼠的裸露皮肤持续接触 24 小时最可能引起这些试验动物在 14 天内死亡一半的物质剂量，以试验动物的质量与试验物质的质量比值表示（mg/kg）。

半数致死浓度，用"LC50"表示，是指能使一群实验动物（成年雌雄白鼠）连续吸入有毒的粉尘、气雾或蒸气 1 小时后，在 14 天死亡一半的吸入物质在空气中的浓度。对于空气中粉尘和气雾的浓度，以每升空气中含有的毫克数（mg/L）表示；对于空气中有毒蒸气的浓度，以每立方米空气中含蒸气的毫升数（mL/m^3）表示。

（3）包装等级。

毒性达到表3-8和3-9中Ⅲ级包装标准以上的物质归类为6.1项毒性物质。

表3-8　口服、皮肤接触及吸入尘/雾的毒性包装等级标准

包装等级	口服毒性 LD50（mg/kg）	皮肤毒性 LD50（mg/kg）	吸入尘、雾毒性 LD50（mg/kg）
Ⅰ	≤5.0	≤50	≤0.2
Ⅱ	>5.0，但≤50	>50，但≤200	>0.2，但≤2
Ⅲ	>50，但≤300	>200，但≤1000	>2，但≤4.0

表3-9　吸入蒸气的毒性包装等级标准

包装等级	
Ⅰ	LC50≤1000mL/m³，并且V≥10×LC50
Ⅱ	LC50≤3000mL/m³，并且V≥LC50，同时未达到包装等级Ⅰ级标准
Ⅲ	LC50≤5000mL/m³，并且V≥10×LC50，同时未达到包装等级Ⅰ级标准和Ⅱ级标准

注：1. 如果某一毒性物质在侵入人体的不同途径表现出不同程度的毒性，则必须根据其中最高的毒性来确定它的包装等级。

2. 催泪性气体物质即使毒性数据为包装等级Ⅲ级要求，也必须归为包装等级Ⅱ级。

3. 吸入蒸气可导致中毒的Ⅰ级包装的液体毒性物质，禁止用客机和货机运输。

4. 符合第8类标准，并且吸入粉尘和烟雾毒性（LC50）属于包装等级Ⅰ级的物质，只有在口服摄入或皮肤接触毒性至少是包装等级Ⅰ级或Ⅱ级时才被认可划入6.1项。否则酌情划入第8类。

（4）常见毒性物质。

常见的毒性物质有氰化物、砷及其化合物、含铅化合物（四乙基铅）、苯胺、硫酸二甲酯、生漆等。

氰化钾：白色圆球形硬块，粒状或结晶性粉末，剧毒。在湿空气中潮解并放出微量的氰化氢气体。易溶于水，微溶于醇，水溶液呈强碱性，并很快水解。无论人还是动物一旦皮肤的伤口接触到或吸入微量粉末，都会

即刻中毒死亡。它与酸接触分解能放出剧毒的氰化氢气体，与氯酸盐或亚硝酸钠混合能发生爆炸。氰化钾是一种重要的基本化工原料，用于基本化学合成、电镀、冶金和有机合成医药、农药及金属处理等方面。可以作为化学试剂、络合剂、掩蔽剂，可以用于金银等贵重金属提炼和电镀等。

2. 感染性物质（6.2 项）

（1）定义。

感染性物质指那些已知含有或有理由认为含有病原体的物质。病菌是指会使人类或动物感染疾病的微生物（包括细菌、病毒、立克次氏体、寄生虫、真菌）或其他定义媒介物，例如朊毒体。来源于植物、动物或其他菌源的毒素，如不含任何感染性物质，应划分为 6.1 项，并划归 UN3172。

该项包括感染性物质（对人类或动物）、生物制品、培养物、病患标本、医疗和临床垃圾。

感染性物质的分类必须归于 6.2 项，并视情况划入：UN2814、UN2900、UN3291、UN3373。

（2）感染性物质的分级。

感染性物质可分为 A 级和 B 级。

A 级（A category）指在运输中与之接触能对本来健康的人或动物造成永久残疾、危及生命或致命疾病的感染性物质。符合这些标准的感染性物质能使人感染或使人和动物都感染的必须划入 UN2814；仅使动物感染的必须划入 UN2900。

表 3-10 列出了以任何形式列入 A 级的感染性物质（除非另有指明）。

B 级（B category）指不符合 A 级标准的感染性物质。B 级中的感染性物质除符合培养菌种定义的划归 UN24 或 UN20 之外，必须划为 UN373，其运输专用名称为"生物物质，B 级"（Biological Substance, Category B）。

民航危险品运输概论

表 3－10　以任何形式列入 A 级的感染性物质（除非另有指明）

联合国编号和运输专用名称	微生物
UN2814 感染人的感染性物质	流产布鲁氏杆菌（仅限培养菌种） 马耳他布鲁氏杆菌（仅限培养菌种） 猪布鲁氏杆菌（仅限培养菌种） 鼻疽伯克霍尔德氏菌鼻疽假单孢菌（仅限培养菌种） 类鼻疽伯克霍尔德氏菌类鼻疽假单孢菌（仅限培养菌种） 鹦鹉热衣原体禽类菌株（仅限培养菌种） 肉毒杆菌（仅限培养菌种） 伯纳特立克次体（Q 热病原体）（仅限培养菌种） 克里米亚－刚果出血热病毒（仅限培养菌种） 登革热病毒（仅限培养菌种） 东部马脑炎病毒（仅限培养菌种） 大肠埃希菌（仅限培养菌种） 伊波拉病毒 Flexal 病毒 土拉弗朗西斯菌（仅限培养菌种） 瓜纳瑞托病毒（仅限培养菌种） 导致出血热和肾综合征的汉坦病毒 亨德拉病毒 乙型肝炎病毒（仅限培养菌种） B 型疱疹病毒（仅限培养菌种） 人类免疫缺陷病毒（仅限培养菌种） 高致病性禽流感病毒（仅限培养菌种） 日本脑炎病毒（仅限培养菌种） 鸠宁病毒 科萨努尔丛林病病毒 拉沙病毒 马丘博病毒 马尔堡病毒 狂犬病病毒（仅限培养菌种） 普式克里次体（仅限培养菌种） 立式克里次体（仅限培养菌种） 裂谷热病毒（仅限培养菌种） 俄国春夏脑炎病毒（仅限培养菌种） sabia 病毒（巴西出血热） Ⅰ型志贺痢疾杆菌（仅限培养菌种） 蜱媒脑炎病毒（仅限培养菌种） 天花病毒 委内瑞拉马脑脊髓炎病毒（仅限培养菌种） 西尼罗河病毒（仅限培养菌种） 黄热病病毒（仅限培养菌种） 鼠疫杆菌（仅限培养菌种）

续表

联合国编号和运输专用名称	微生物
	非洲猪瘟病病毒（仅限培养菌种） Ⅰ型禽副粘病毒－强毒性新城鸡瘟病毒（仅限培养菌种） 典型的猪瘟病病毒（仅限培养菌种） 口蹄疫病毒（仅限培养菌种） 牛的结节性疹病毒（仅限培养菌种） 丝状支原体牛传染性胸膜性肺炎（仅限培养菌种） 小反刍兽疫病毒（仅限培养菌种） 羊痘病毒（仅限培养菌种） 山羊痘病毒（仅限培养菌种） 猪水泡病病毒（仅限培养菌种） 水泡型口炎病毒（仅限培养菌种）

（3）生物制品。

生物制品是指从活生物体取得的，具有特别许可证发放要求的，且按照国家当局的要求制造或销售的，用于预防、治疗或诊断人类或动物的疾病，或用于与生物制品此类活动有关的开发、实验或调查目的的产品。生物制品包括成品或未完成品。

生物制品分为以下两组：

①按照有关国家当局的要求制造和包装，为了最后包装或销售而运输，供医务人员或个人自身保健而使用的生物制品。这一组物质不受相关法规限制。

②那些不符合①所述，已知或相信含有感染性物质的和符合 A 级或 B 级归类标准的生物制品。这一组物质必须酌情定为 UN2814、UN2900 或 UN3373。

（4）转基因生物和生物体。

这些微生物和生物体的遗传基因通过遗传工程有目的地进行了改变而非自然生成。

受污染的动物或携带变异基因的动物及基因变异的生物体，已知或被认为对人类、动物或环境具有危险性。

（5）诊断标本或临床标本。

为诊断或研究之目的而进行运输的人或动物的排泄物、分泌物、血

液、器官、组织及组织液（不仅限于此），系诊断标本，被感染的活体动物除外。

含有 A 类感染性物质的医学或临床垃圾必须视情况划入 UN2814 或 UN2900；含有 B 类感染性物质的医学或临床垃圾必须划入 UN3291；有理由相信含有感染性物质的可能的医学或临床垃圾必须划入 UN3291。

下述例外情况，可按普货处理：

①不含有感染性物质的物质或不大可能使人或动物染病的物质；

②含有微生物对人体和动物体没有致病性的物质；

③经过处理后病菌得到抑制或灭活已不再成为健康威胁的物质；

④被认为并不会带来重大感染危险的环境样品（包括食物和水样）；

⑤通过将一滴血滴在吸附材料上或通过粪便潜血试验采集的干血点；

⑥通过粪便潜血试验所制作的样本；

⑦为输血之目的或为配置血液制品以进行输血或移植而采集的血液或血液成分和用于移植的任何组织或器官，以及为这些目的而制作的样本；

⑧用冷冻方式运输病菌存在的可能性很低的标本时，满足冷冻条件下的包装要求；

⑨医疗器械或设备必须满足排空液体、具有坚固外包装和足够的防止移动的衬垫材料。含医疗器械或设备在做 1.2m 跌落试验时，可采用替代方法。

（6）受感染的活体动物。

有意使之感染的和已知或怀疑含有感染性物质的活体动物禁止运输，除非无法以其他形式运输。受感染的活体动物只可以依照有关国家当局批准的限制条件进行运输。

屠宰后的动物被 A 类或将要化为 A 类仅限培养菌中的病原体感染，必须划为 UN2814 或 UN2900；被包括 B 类在内的病原体感染的其他屠宰后的动物体必须根据主管当局制定的规定进行运输。

七、第 7 类——放射性物质

放射性物质是指自发地和连续不断地放出电离辐射的物质或物品，此种辐射对人体和动物的健康有害并能作用于未显影的胶片。

放射性物品系指所含放射性核素的材料，放射性活度浓度和托运货物总活度均超过相关法规中规定的数值。

对本规则而言，第7类不包括如下内容：

（1）诊断或治疗而植入或装入人体或活的动物体内的放射性物品；

（2）受放射性物质意外放射或污染后将要搭乘航空器前去治疗的人，但此人要在经营人的要求下采取一些防护情施，以免影响其他乘客和机组人员；

（3）已获得主管部门批准并已出售给最终用户的消费品中的放射性物品；

（4）自身包含处于其自然状态的，或仅为非提取放射性核素的目的而进行过处理，和不是为使用放射性核素而进行加工的含天然放射性核素的天然物质和矿石；

（5）其任何表面上存在的放射性物品未超过污染定义中规定的限量的放射性固体物质。

放射性物品按其放射性比活度或安全程度分为5类：

特殊形式放射性物品（Special Form Radioactive Material）；

低比度放射性物品（LSA）　（Low Specific Activity Radioactive Material）；

表面污染物体（SCO）（Surface Contaminated Object）；

裂变物质（Fissile Material）；

其他形式放射性物品（Other for Radioactive Matenal）。

1. 特殊形式放射性物品

（1）定义。

特殊形式放射性物品指不可弥散的固体放射性物品或装有放射性物质的密封盒。也就是说，放射性物质被设计成不可弥散的固体形式，或将其装入密封盒内时，该放射性物质就被定义为特殊形式放射性物品。

（2）要求。

特殊形式放射性物品必须符合下列要求：装有放射性物质的密封盒必须在结构上做到只有破坏密封盒才能被打开；密封盒至少有一边尺寸不少于5mm；特殊形式的设计必须得到单方批准，例如仅由始发国主管当局

批准。

2. 低比度放射性物品（LSA）

低比度放射性物品（LSA）指其本身的活度有限的放射性物质，或适于使用估计的平均活度限值的放射性物质。确定估计的平均活度时不考虑低比度放射性物品周围的外屏蔽材料。低比度放射性物品可划分到以下三类中的相应的一类：

（1）低比度放射性—Ⅰ级（LSA-Ⅰ）；

（2）低比度放射性—Ⅱ级（LSA-Ⅱ）；

（3）低比度放射性—Ⅲ级（LSA-Ⅲ）。

3. 表面污染物体（SCO）

表面污染物体（SCO）指本身没有放射性，但其表面散布有放射性物质的固态物体。

表面污染物体划分为以下两级：

（1）表面污染物体—Ⅰ级（SCO-Ⅰ）；

（2）表面污染物体—Ⅱ级（SCO-Ⅱ）。

4. 裂变物质

（1）定义。

裂变物质是指铀-233、铀-235、钚-238、钚-239、钚-241 或它们之中的任意组合。本定义不包括未经辐射过的天然铀及贫化铀，以及仅在热反应堆辐照过的天然铀及贫化铀。

（2）裂变例外。

裂变例外是指包装件可按非裂变放射性物品包装件管理，但仍须满足关于放射性种类和性质的有关要求的裂变物质。裂变例外的包装件要符合下列要求：

①每个包装所含裂变物质不超过 15g，并且每个包装件最小外部尺寸不小于 100mm。

②包装件装有均匀氢溶液或混合物在表 3-11 中列出的限值内。

表 3-11 在均匀氢溶液或混合物中裂变物质的限值

参数	铀-235（单独）	其他裂变物质（包括混合物）
最小 H/X※	5,200	5,200
裂变物质最大浓度（g/L）	5	5
在一个包装件内或运输工具中裂变物质最大质量（g）	800※※※	500

注：※ H/X是氢原子与裂变核素原子数之比。

※※所有钚和铀-235的含量不大于铀-235质量的1%。

③含铀的包装件，其裂变物质基本上均匀分布在整个物质中，并且含铀-235不超过重量的1%，含各种钚和铀-233不超过铀-235重量的1%。另外若铀-235以金属、氧化物或碳化物形式存在，铀在包装件中绝不能以栅格形式排列。

④任何10L容积中的裂变物质不大于5g的，其放射性物品包含在常规运输可能遇到的条件下，能保持裂变物质分布的各种限制的包装件中。

⑤各种钚的单个含量不超过1kg的包装件，其中钚-239、钚-241或这两种放射性核素的任意组合不大于钚总重量的20%

⑥装有硝酸铀酰的液体溶液包装件，含铀-235不超过重量的2%，且各种钚和铀-233的含量不大于铀-235重量的0.1%，最小氮/铀（N/U）原子比数为2。

5. 其他形式放射性物品

其他形式放射性物品是指不符合特殊形式定义的放射性物品。

八、第8类——腐蚀性物质

1. 定义

腐蚀性物质是通过化学作用在接触生物组织时会造成严重损伤，或在渗漏时会严重损害甚至毁坏其他货物或运输工具的物质。

2. 包装等级划分标准

第8类危险物品的包装等级是根据它与人的皮肤开始接触到皮肤出现明显坏死所需的时间来判断的。这一时间可以通过试验测定。经测定不能导致皮肤严重损伤的物质，仍有可能引起金属表面的腐蚀。

第 8 类的三个包装等级的划分标准如表 3-12 所示。

Ⅰ级包装（危险性较大的物质）：使被测物质与完好的动物皮肤接触，接触时间不超过 3min，然后进行观察，观察时间为 60min。在观察期间内，皮肤被破坏的厚度如达到 100%，则被测物质应定为Ⅰ级。

Ⅱ级包装（危险性中等的物质）：使被测物质与完好的动物皮肤接触，接触时间超过 3min 而不超过 60min，然后进行观察，观察时间为 14d（天）。在观察期内，皮肤被破坏的厚度如达到 100%，则被测物质应定为Ⅱ级。

Ⅲ级包装（危险性较小的物质）：在下列标准中任选其一：

（1）使被测物质与完好的动物皮肤接触，接触时间超过 60min 而不超过 4h 然后进行观察，观察 14d。在观察期内，皮肤破坏的厚度达 100%。

（2）被测物质对皮肤的破坏厚度达不到 100%，但在 55℃ 下，被测物在一年内腐蚀钢或铝的厚度可达 6.25mm 以上。

表 3-12　腐蚀性物质包装等级划分标准

包装等级	暴露时间	观察时间	效果
Ⅰ	≤3min	≤60min	完整皮肤全部坏死
Ⅱ	>3min，≤60min	≤14d	完整皮肤全部坏死
Ⅲ	>60min，≤4h	≤14d	完整皮肤全部坏死
Ⅲ	—	—	每年腐蚀厚度大于 6.25mm，试验温度 55℃

腐蚀性物质除了具有灼伤人体、腐蚀其他物品的腐蚀特性外，有的还兼具有毒害性、易燃性、氧化性等其他危险特性，其物质的化学组成是影响腐蚀性大小的根本特性。

常见的腐蚀性物质有强酸（如硫酸、硝酸、盐酸、乙酸），强碱（如氢氧化钠、氢氧化钾），肼，甲醛等。

硫酸：无水硫酸为无色油状液体，属于无机强酸，具有强烈的腐蚀性和氧化性，能和许多金属发生反应。浓硫酸还有强烈吸水性和强氧化性，可用作脱水剂，与水混合时，会放出大量热能；与皮肤接触时，会产生化学性灼伤。硫酸是一种重要的工业原料，常用作化学试剂，在有机合成中可用作脱水剂和磺化剂，可用于制造肥料、药物、炸药、颜料、洗涤剂、蓄电池等，也广泛应用于净化石油、金属冶炼以及染料等工业中。

硫酸需要储存于阴凉、通风的库房，保持容器密封，远离火种、热源，工作场所严禁吸烟，远离易燃、可燃物。防止蒸气泄漏到工作场所空气中。避免与还原剂、碱类、碱金属接触。搬运时要轻装轻卸，防止包装及容器损坏。配备相应品种和数量的消防器材及泄漏应急处理设备。倒空的容器可能残留有害物。稀释或制备溶液时，应把酸加入水中，避免沸腾和飞溅伤及人员。

氢氧化钠：俗称烧碱、火碱、苛性钠，为一种具有很强腐蚀性的强碱，易溶于水（溶于水时放热），并形成碱性溶液，固体氢氧化钠吸湿性很强，有潮解性（易吸取空气中的水蒸气）。纯氢氧化钠是无色透明的晶体，工业品是白色半透明结晶状固体。其水溶液有涩味和滑腻感。工业上用途极广，用于造纸、肥皂、染料、人造丝、制铝、石油精制、棉织品整理、煤焦油产物的提纯，以及食品加工及机械工业等方面。

固体氢氧化钠需密封包装存放。运输过程中要确保容器不泄漏、不倒塌、不坠落、不损坏，防潮防雨。严禁与易燃物或可燃物、酸类、食用化学品等混装混运。运输时，运输车辆应配备泄漏应急处理设备。

九、第 9 项——杂项危险品

杂项危险物品系指不属于任何类别，而在航空运输中具有危险性的物质和物品。

本类别包括：航空业管制的固体或液体、磁性物质、高温物质、环境危害物质、转基因微生物和转基因生物、锂电池和其他杂项物质及物品。

1. 航空业管制的固体或液体

具有麻醉性、有害性、刺激性或其他性质，一旦在航空器上溢出或泄漏能引起机组人员极度烦躁或不适以至不能正常履行职责的任何物质。注意：符合第 1 至 8 类标准的物质和物品不包括在本类中。

2. 磁性物质

为进行航空运输而包装好的物质，如果距离其包装件表面任一点 2.1m 处的磁场强度不低于 0.159A/m，即为磁性物质。

磁性物质可能会对飞机的导航、通信设备产生一定的影响，危及航空安全。大部分铁磁性金属，例如机动车、机动车零部件、金属栅栏、管子和金属结构材料等，即使未达到磁性物质标准，由于可能影响飞行仪表，尤其是罗盘，也应遵守运营人的特殊装载要求。此外，需要注意的是，单个物体未达到磁性物质标准但累积后可能属于磁性物质。

3. 高温物质

是指液态下≥100℃或在固态下≥240℃进行运输或交运的物质。

4. 环境危害物质

是指那些符合 UN《规章范本》的 2.9.3 中标准的物质，或满足货物运送的始发国、中转国、目的地国的主管当局制定的国家或国际条例中的标准的物质。

不属于其他危险性，但被托运人分类危害水环境的物质或混合物必须划为Ⅲ级包装，如：UN 3077 环境危害物质，固体，n. o. s. （not otherwise specified，未另作规定的），或 UN 3082 环境危害物质，液体，n. o. s. 。

5. 转基因微生物（GMMOS）和转基因生物（GMOS）

是指通过遗传工程以非自然方式有意将遗传物质改变了的微生物和生物。

不符合感染性物质或毒性物质定义的转基因微生物或生物，但能够以非正常自然繁殖方式改变动物、植物或微生物的遗传基因的微生物或生物体，必须划为 UN 3245。

6. 锂电池

含有任何形式锂元素的电池芯和电池、安装在设备中的电池芯和电池或与设备包装在一起的电池芯和电池，必须恰当地划归 UN 3090、UN 3091、UN 3480 或 UN3481 条目。

其中，电池的设计类型必须被证明满足联合国《试验和标准手册》第Ⅲ部分第 38.3 节的试验要求，不论其组成的电池芯是否做过设计类型的试验。但在 2014 年 1 月 1 日前生产的电池和电池芯，若其设计类型按照第 5 版修订的联合国《试验和标准手册》第Ⅲ部分第 38.3 节测试的，也可以继续运输。

7. 其他杂项物质及物品

常见的有石棉、电容器、固体二氧化碳（干冰）、消费品、化学试剂盒和急救包、救生设备、内燃发动机、机动车辆（易燃气体为动力），或机动车辆（易燃液为动力）、聚合物颗粒、以电池为动力的设备或车辆、连二亚硫酸锌等。

第四章 危险品的识别

在前面的章节中我们掌握了危险物品的定义及各类物品的主要特性，这些是在航空运输中正确鉴别和处理危险物品的基础。但在实际运输管理工作中，仅凭定义和所属类别来进行判断和操作，不仅费时、费力，还容易给运输工作带来不便。而且各种运输方式都有其特殊性，某种货物对一种运输方式而言是危险的，但对其他运输方式则可能是无害的，例如属于第9类杂项危险品的磁性物质，它对航空运输是危险的，而对铁路、公路运输则不构成威胁。所以，各种运输方式的主管部门均根据自身系统的具体情况采取列举原则，颁布了相应的《危险品规则》并列出常见的"危险品品名表"。

各种《危险品规则》在遵循危险物品定义和分类的前提下，列举了其运输方式可以运输的危险货物名称，并规定了相应的运输条件和防护措施，具有很强的操作性。任何一种运输方式运输的危险货物，必须满足该种运输方式的《危险品规则》的所有相关要求。当然，《危险品规则》中不可能将所有的运输方式运输的物品全部列出，伴随着新产品的不断涌现，这种未在"危险品品名表"中列名的但性能确属危险的物品越来越多，对这类货物必须根据危险物品的定义及分类标准，进行相应的性质测定试验，并由托运人提供运营人认可的技术鉴定书。

在此我们以国际航协《危险品规则》中的"危险品品名表"为基础，介绍"危险品品名表"的使用方法。

第一节　"危险品品名表"简介

国际航协《危险品规则》的第四部分中，4.2 为"危险品品名表"，它是按危险物品的运输专用名称的英文字母顺序排列的，表中列明了该危险物品的类、项别、次要危险性、危险标志、组装等级、包装代号及在客、货机的数量限制及特殊规定等。4.3 为代号与品名对照表，它是按危险物品的联合国（UN）代号或 IATA 识别代 V（ID）的阿拉伯数字顺序排列的，表明在《危险品规则》中对应的页码。

在按字母排列的"危险品品名表"中列举了 3000 多种有危险成分并很有可能采用航空运输的物质或物品的具体名称。本表定期进行修改，在交运中仍可能遇到在表中没有列出的新物质。为了将这些危险物品包括进去，在"危险品品名表"中列出了一些物质或物品广义的泛指名称，称作泛指名称或 n. o. s. （not otherwise specified，未另作规定的），例如：Alcohol，n. o. s. （醇类，未另作规定的）。这种 n. o. s. 条目一共有三种类型：

①按物质的化学组成分类——如：Alcohol，n. o. s. （醇类，未另做规定的）。

②按物质的用途分类——如：Dy−5R（染料，未另作规定的）。

③按物质的危险性分类——如：Flammable Liquid，n. o. s. （易燃液体，未另作规定的）。

有些危险品由于太危险而不能采用航空运输，即对航空运输来说属于禁运物品。对于这些物品，在品名表中的相应位置栏上均以"forbidden（禁止运输）"的字样标明。被禁运的危险物品中也有在一定条件下被解除禁令，可以收运的情况，这要视具体情况和特殊规定而定。

下面我们介绍一下"危险品品名表"的结构（见图 4−1）。

A 栏"UN/ID（Identification）No"：即联合国代号/IATA 识别代号栏。此栏表明在联合国危险物品分类系统中制定给某危险物质或物品的代号。当使用这些代号时，代号前面加"UN"字样。由于在联合国的分类

系统中有些物质或物品没有给出相应代号，而对航空运输而言仍具有危险性，IATA 指定了一组代号，称为 ID No.（识别代号），识别代号以 8000 开始，使用这种代号时，代号前面加 "ID" 字样。

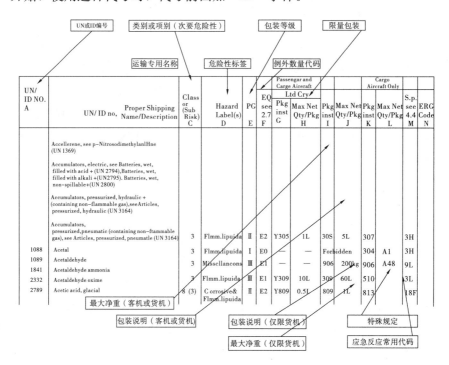

图 4-1 "危险品品名表"说明

第二节 "危险品品名表"的使用

一、"危险品品名表"中列出名称的危险品

1. 查阅步骤

名称已列入表中的条目适用以下步骤：

步骤 1：寻找 UN/ID 编号和运输专用名称——"危险品品名表"中的 A 栏和 B 栏。

步骤 2 ：确定类别和项别编号以及次要危险性（如果有）——C 栏。

步骤 3 ：注意危险性标贴——D 栏。

步骤 4 ：注意包装等级（适用时）——E 栏。

步骤 5 ：确定包装说明，每个包装件的数量——G、H、I、J、K 和 L 栏。

步骤 6 ：检查是否适用特殊规定——M 栏，国际航协《危险品规则》4.4。

步骤 7 ：（仅限运营人）应急训练代码（ERG CODE）——N 栏，表示涉及事件的特定危险品条目的建议的反应措施。

2. 各栏说明

（1）A 栏：UN 或 ID 编号（UN 或 ID No.）。

本栏是根据联合国分类系统给物品或物质指定的编号。在使用时前面应加上"UN"字样。如果物质没有指定 UN 编号，则应由国际航空运输协会指定一个暂时的 IATA 编号，从 8000 开始，前面加上"ID"字样。例如，编号可以用 UN1950 或 ID8000，而不可用 1950 或 8000。

（2）B 栏：运输专用名称/说明（Proper shipping Name/Description）。

本栏列出危险品和物质的运输专用名称和限制说明短文。运输专用名称以粗体字（黑色）表示，说明短文以细体字表示。下列符号为本栏中一些条目所带符号的含义对照：★表示要求附加技术名称；＋表示在《危险品规则》附录 A 中可以找到补充说明。

用粗体字印刷的运输专用名称在表中按字母顺序排列，由多字组成的名称，也按字母顺序视为一个单字排列。单有下列组合的名称都予以忽略：

①数字；

②单一字母，如 a-, b-, m-, n-, o-, p-；

③前置字，如 alpha-, beta-, omega-, sec-, tert-；

④术语"n. o. s."。

除非在"危险品品名表"的条目中有说明，在运输专用名称中"溶液"一词指一种或一种以上的已被命名的危险品溶解在液体中。

不会减轻安全性的轻微差异，如在申报单或包装标记上的运输专用名

称漏掉逗号或句点，不被当作错误。

（3）C栏：类别或项别和次要危险性［Class or Divison（Subsidiary Risk）］。

本栏列出的物品或物质，按照《危险品规则》第3章分类标准划分的类别或项别，对于第1类爆炸品，还显示配装组。在物质有次要危险性时，次要危险性显示在主要危险性后的括号内，与危险品申报单的显示方法一样。

（4）D栏：危险性标签及操作标签（Hazard Label）。

本栏列出的物品或物质的包装件外部应粘贴危险性标签及必要的操作标签。

（5）E栏：包装等级（Packing Group）。

本栏标出联合国包装等级，即物品或物质所定的Ⅰ、Ⅱ或Ⅲ级包装等级（见《危险品规则》3.0.3）。

（6）F栏：例外数量代码栏（Excepted Quantity Code）。

本栏列出危险品或物质按照《危险品规则》2.6和2.6A表划分的例外数量代码。

（7）H栏：客货机每个限量包装件的最大净数量（Passenger and Cargo Aircraft Limited Quantity－Packing Net Quantity per Package）。

本栏列出客货机危险品的最大允许净重（重量或体积）。每一"限制数量"包装件的毛重不超过30kg。列出的重量表示净重，但如果另外带有字母"G"，则表示该重量为毛重。当为爆炸品和火柴时，其净重为除包装件以外的净物品重量。如果栏目出现"禁运"字样，则表示该危险品不能按限制数量规定运输。

如果每个包装件的最大数量所示为"No Limit（不限）"或H栏中有包装说明参考时，所含危险品的净数量或该危险品每个包装件的毛重必须在托运人的申报单上注明。

（8）I栏：客货机包装说明（Passenger and Cargo Aircraft－Packing instructions）。

该栏列出客货机载运危险品的包装说明。如果某一物品或物质按G或I栏的包装说明进行包装，并且符合H或J栏中最大净数量的要求，那么它也可以在货机上运输。在这种情况下，包装件不需要贴"Cargo Aircraft Only（仅限货机）"标贴。

（9）J栏：客货机每个包装件的最大净数量（Passenger and Cargo Aircraft－Maximum Net Quantity per Package）。

该栏列出物品或物质在客货机上运输时，每个包装件内允许装的最大净数量（重量或体积）。列出的重量表示净重，但如果另外带有字母"G"则表示该重量为毛重。当为爆炸物品和火柴时，其净重为除包装件以外的净物品重量。如果栏目中出现"Forbidden"字样，表示该物品不能运输。

如果每个包装件的最大数量为所示的"No Limit（不限）"，或J栏中有包装说明参考时，所含危险品的净数量或每个包装件内危险品的毛重应在托运人申报单上注明。

（10）K栏：仅限货机包装说明（Cargo Aircraft Only－Packing Instrucions）。

该栏列出仅限货机载运危险品的包装说明。

（11）L栏：仅限货机的每个包装件的最大净数量（Cargo Aircraft Only－Maximum Net Quantity per Package）。

该栏列出物品或物质仅限在货机上运输时，每个包装件内允许盛装的最大净数量（重量或体积）。列出的重量表示净重，但如果另外带有字母"G"，则表示该重量为毛重。当为爆炸物品和火柴时，其净重为除包装以外的净物品重量，如果栏目中出"Forbidden（禁运）"字样，该物品不能运输。

H、J和L栏中的数量限制仅表示对一个包装件的限制而不是一票货物或一架飞机所允许的数量。

如果每个包装件的最大净数量为"No Limit（不限）"，或L栏中有包装说明参考时，所含危险品的净数量或每个包装件内危险品的毛重应在托运人申报单上注明。

（12）M栏：特殊规定（S. P.，见国际航协《危险品规则》4.4节）。

该栏列出"危险品品名表"中某些条目带有"A"及一位、两位或三位数字组成的符号，该符号的内容适用于有关条目的所有包装等级。特殊

规定的文字表示清楚的除外。特殊规定"Al""A2"和"A109"，实际上是国家主管当局对客机货舱禁运，或客机货舱和货机上均禁运的危险品给予特许运输的"批准"。这些"批准"不属于国际航协《危险品规则》2.6.1.1中所述的"国家豁免"。是否接收经国家批准的危险品要由运营人决定。在将根据"Al""A2"或"A109"特殊规定办理的危险品交给运营人托运前，托运人必须做好预先安排和获得预先批准；附加条件（A73、A106）；该物品可被视为非危险性物质（A3和A67）；A154——为新增特殊规定，适用于UN3090——锂电池及UN3091——安装在设备中的锂电池及与设备包装在一起的锂电池，规定要求那些因安全原因召回的或已破损的锂电池禁止运输。

（13）N栏：ERG代码。即在国际民航组织（ICAO）文件《与危险品有关的航空器事故征候应急响应指南》（ICAO Doc. 9481-AN/928）中规定的应急反应操作代码。代码由字母和数字组成，代表对涉及所分配常用代码的特定危险品条目的事故应该采取的反应措施。

ERG Code主要是提供给运营人使用，以方便运营人可以将ERG代码填写在特种货物机长通知单（NOTOC）上。

二、"危险品品名表"中未列出名称的危险品

当一种物品或物质未被列入"危险品品名表"中时，并不意味着允许或不允许空运。判断该类物质是否是禁运的危险品，必须根据国际航协《危险品规则》2.1节的描述和第3章的分类标准来衡量。如果不是禁运的，对照它的性质及第3章分类标准进行分类。如果它有一种以上的危险性，必须按照国际航协《危险品规则》3.10.A表来确定主要危险性。当名称未列入表中时，使用能最准确描述物品或物质属性的泛指运输专用名称。泛指名称分为两种，第一种是危险品的一般化学名称；第二种是描述危险品危险性种类的名称。托运人必须优先使用危险品的一般化学名称。

甲基正戊基甲醇是一种闪点为54℃（130°F）的醇类，该名称未列入"危险品品名表"中。托运人必须使用最准确的名称申报，该名称应是"醇类，泛指名称（甲基正戊基甲醇）"，不应是"易燃液体，泛指名称★"。

己基环乙烷，闪点为 35℃（95℉），名称未列入 4.2 表中，则必须使用最准确的名称申报，经查证，该名称为"碳氢化合物，泛指"，而不是"易燃液体，泛指"。

当"危险品品名表"B 栏中带有"★"号时，表示紧跟在属性或泛指的运输专用名称之后以加括号方式补充技术或化学名称。只需显示不超过两种最显著构成的单一物质或混合物危险性的成分。此项规定不适用于国家法律或国际公约禁止泄密的管制物品。对于第一类爆炸品，可额外补充商业或者军事名称的描述性词语。技术名称必须是在科技手册、教科书和杂志上普遍使用并已得到公认的化学或生物名称或者其他名称。商业名称不得使用。对于杀虫剂，必须使用 ISO 通用名称或者公布在国际卫生组织（WHO）《依危害性对农药/杀虫剂之分类建议指引》中的其他名称，或活性物质名称。

对于氟利昂 14 和氟利昂 23 的混合物，托运人申报的运输专用名称应为"制冷剂，泛指名称（四氟甲烷、三氟甲烷）"。托运人不得申报氟利昂14 和氟利昂 23，因为该名称属于商业名称。

一种含呋喃丹的固体农药，它应按"氨基甲酸盐农药，固体，毒性（呋喃丹），UN2757"名称申报。

一种含有二甲苯和丙酮的混合物溶液，闪点 24℃（75℉），初始沸点高于 35℃（95 ℉），必须使用一个能准确代表其危险性和实际应用的运输专用名。如果它是用来作为一种除漆剂，应适用"Paint related material，UN 1263"。相反地，如果没有这一功能，而是用于某制造工艺的中间环节，那么应适用"Flammable liquid，n. o. s."。

如果对某一危险品是否允许航空运输，或在何种条件下允许航空运输存有疑虑时，托运人或代理人须委托运营人指定的机构（如化工部上海化学研究所）做鉴定，鉴定结果必须包括该危险品的运输专用名称、UN/ID 编号和所有说明其危险性所需要的物理及化学性质的相关数据以及相应的分类。如需经磁性测试的必须在计量测试研究院作鉴定。还有疑虑的必须向国家有关部门咨询。

民航危险品运输概论

三、含一种或多种危险品的混合物和溶液

混合物和溶液如含有一种在"危险品品名表"中列出名称的危险品及一种或一种以上不属于国际航协《危险品规则》限定范围内的物质，必须将该混合物或溶液根据国际航协《危险品规则》4.2 蓝表中列明的占主导的物质的运输专用名称进行识别，并必须加上"mixture（混合物）"或"solution（溶液）"字样。

一种含有丙酮的溶液，闪点低于 23℃（73 ℉），初始沸点高于 35℃（95℉），因此它和纯丙酮（UN 1090，Class 3，Packing Group Ⅱ）具有相同的燃烧范围。由于它的危险类别和包装等级都没有发生改变，因此这种溶液必须以"丙酮溶液"（Acetone solution）进行申报，此外其中丙酮的含量也可以注明，比如"Acetone 75% solution（丙酮 75%溶液）"。

例外情况：

①混合物或溶液可以通过国际航协《危险品规则》4.2"危险品品名表"中所列的名称具体识别；

②国际航协《危险品规则》4.2"危险品品名表"中的条目具体表明是纯净物质；

③溶液或混合物的危险性类别、物理状态（固态、液态、气态）或包装等级与国际航协《危险品规则》4.2"危险品品名表"中对应的条目不同；

④在紧急情况下，对该混合物或溶液所采取的应急措施有明显变化，与国际航协《危险品规则》4.2"危险品品名表"中对应的条目不同。

尽管物质中所含的微量化学成分在考虑其危险性分类时可以忽略不计，但这些微量成分可能对物质的整体性质产生影响，因此在根据国际航协《危险品规则》5.0.2.6.3评估包装相容性时应加以考虑。

对于上述情况，混合物和溶液必须用最准确的运输专用名称（泛指名称）命名，并且泛指名称后面必须注明技术名称，以及"containing（含有）""mixture（混合物）""solution（溶液）"等字样。属于国家法律或国际公约禁止泄密的管制物品除外。

一种混合物含 2-氯丙烷（2-Chloroprapane）（UN2356，第 3 类，

包装等级Ⅰ级）和一种不属于国际航协《危险品规则》限定范围内的溶剂，混合物的闪点低于23℃（75 ℉），沸点高于35℃（95℉），混合物的易燃程度为Ⅱ级包装。由于包装等级由Ⅰ级变为Ⅱ级，托运人申报的该混合物运输专用名称应为"易燃液体，泛指名称（2-氯丙烷溶液）"或"易燃液体，泛指名称（2-氯丙烷混合物)"。

含有两种或两种以上危险品的混合物和溶液，无论是否列入"危险品品名表"，都必须使用泛指运输专用名称，并且必须在泛指名称后面注明至少两种有主要危险性成分的技术名称。如有"mixture（混合物）""solution（溶液）"必须加上。如果需次要危险性标签，技术名称必须包括所需的次要危险性标签的部分。属于国家法律或国际公约禁止泄密的管制物品除外。

发动机清洗剂混合物在"危险品品名表"中未列出，该物质是汽油和四氯化碳组合的混合物，混合物的闪点低于23℃（73℉），沸点高于35℃（95℉），并符合第6.1项口服毒性的定义。按照《危险品规则》3.10.A表，主要危险性为第3类，次要危险性为第6.1项。托运人申报的该混合物运输专用名称为"易燃液体，有毒，泛指名称（汽油/四氯化碳混合物）"或"易燃液体，有毒，泛指名称（汽油/四氯化碳溶液)"。

不属于国际航协《危险品规则》范围的混合物或溶液若一种混合物或其制剂在"危险品品名表"中列有名称，但由于浓度不符合表中所列类、项的定义或任何其他一类的定义，则该混合物不受国际航协《危险品规则》的限制。

某一混合物或溶液所含的一种或一种以上在国际航协《危险品规则》中已列有名称或者已按泛指名称条目分类的物质，和一种或一种以上不属于国际航协《危险品规则》规定的范围的物质，如果该混合物或溶液的危险属性未达到任何危险品的分类标准（包括人类经验标准），则该混合物或溶液不受国际航协《危险品规则》的限制。

在上述情况下都应当在航空货运单的货物名称旁注明"Not Restricted（非限制）"字样，表示该物品已经过检查，则该物品或物质可按照非限制规定办理运输。

第五章　危险品的包装

第一节　概　述

危险品的包装是危险品安全航空运输的重要组成部分，国际航协《危险品规则》为所有可进行航空运输的危险品提供了包装说明，所有允许航空运输的危险品数量都受到国际航协《危险品规则》的严格限制，以便一旦发生事故时将危险性降到最低限度。

一、危险品包装的作用、要求和责任

1. 危险品包装的作用

（1）防止所包装的危险品因接触雨雪、阳光、潮湿空气和杂质而发生变质，或发生剧烈化学反应造成事故。

（2）可减少货物在运输过程中所受到的碰撞、振动、摩擦和挤压，使其在包装的保护下处于相对稳定状态，从而保证安全运输。

（3）防止因货物撒漏、挥发以及与性质相互抵触的货物直接接触而发生事故或污染运输设备及其他的货物。

（4）便于装卸、搬运和保管，做到及时运输并使运输工具的载重量得到最大的利用，从而提高工作效率和运载效率。

2. 危险品包装的要求

根据危险品的性质和运输的特点，以及包装应起到的作用，航空运输

的危险品所使用的包装物应当符合下列要求。

（1）包装物应当构造严密，能够防止在正常运输条件下由于温度、湿度或者压力的变化，或者由于振动而引起渗漏。

包装应有一定的强度，其构造和封闭装置能经受运输过程中正常冲撞、振动、挤压和摩擦，以保护包装内的货物不受损失，这是一般货物的共同要求。危险品必须使用优质包装，必须有足够的强度来抵抗在正常的运输过程中所发生的冲击、震动、挤压和摩擦，包括从集装板、集装箱或合成包装件上卸下做进一步的操作处理。包装件的结构和封口性能必须适应正常空运条件下温度、湿度、压力的变化而不致泄漏。

（2）包装物应当与内装物相适宜，直接与危险品接触的包装物不能与该危险品发生化学反应或者其他反应。

危险品的包装与所装物品直接接触部分，不应受该物品的化学或其他作用的影响，包装与内装物之间直接接触部分，必要时应有内涂层或进行相应处理，以使包装材质能适应内装物的物理、化学性质，避免与内装物发生化学反应而形成危险产物或削弱包装强度。

比如氢氟酸有强烈的腐蚀性，能侵蚀玻璃，故不能用玻璃容器盛装，要用铅筒或耐腐蚀的塑料、橡胶筒装运；铝在空气中表面会形成氧化物薄膜，对水、硫化物、浓硝酸、任何浓度的醋酸和一切有机酸类都有耐腐蚀性，所以冰醋酸、醋干、甲乙混合酸、二硫化碳除化学试剂外一般都用铝桶盛装；所有压缩及液化气体，因其处于较高的压力状态下，应使用特制的耐压气瓶装运；苦味酸能与金属化合生成苦酸金属盐类，其爆炸敏感度比苦味酸更大，所以此类炸药严禁使用金属容器装运。此外，同一危险品还可能因所处的物理状态不同，要求使用不同的包装。液氨是由氨气压缩而成，沸点−33.35℃，乙胺沸点−16.6℃。常温下，都必须将其装入耐压气瓶中运输。但若将氨气、乙胺溶解于水中而生成氢氧化铵（氨水）、乙胺水溶液后，因其状态已发生变化，故可用铁桶盛装运输。

（3）包装物应当符合相关法规中有关材料和构造规格的要求，并应当按照规定进行测试，对用于盛装液体的包装物，应当能承受相关法规中所列明的压力而不渗漏。

（4）内包装应当以防止在正常航空运输条件下发生破损或者渗漏的方

式进行包装、固定或者垫衬，以控制其在外包装物内的移动。垫衬和吸附材料不得与包装物的内装物发生危险反应。

（5）包装物应当在检查后证明其未受腐蚀或者其他损坏时，方可再次使用。再次使用包装物时，应当采取一切必要措施防止随后装入的物品受到污染；如果由于之前内装物的性质，未经彻底清洗的空包装物可能造成危害时，应当将其严密封闭，并按其构成危害的情况加以处理。

（6）包装件外部不得粘附构成危害数量的危险物质。

（7）每一危险品包装件应当标明其内装物的运输专用名称，应当粘贴符合相关规则要求的适当标签和其他相应标记。国际航空运输时，除始发国要求的文字外标记应当加用英文。

在包装表面必须注明所装货物的运输专用名称，UN/ID 代号，收、发货人的名称和地址，以及其他相关内容等标记。

为了保证危险品运输安全，使从事运输操作作业的人员在进行作业时提高警惕性，杜绝发生事故的可能性，并在一旦发生事故时，能及时采取正确措施进行施救，危险品运输包装必须具备规定的危险品包装标记与标签并保证贴挂正确、明显和牢固。一种危险品同时具有易燃、有毒等性质，或不同品名的危险品配装在同一包装中时，应根据不同性质，同时粘贴相应的几种包装标志以便分别进行防护。同时，为了说明货物在装卸、运输、保管、开启时应注意的事项，往往在包装上同时粘贴包装储运操作标签。

相关规则给出了每一种危险品的详细包装说明。危险品航空运输必须按照相应的包装要求进行包装，否则不予运输。

3. 危险品包装的责任

包装是托运人的主要工作之一。托运人应根据相关规则对航空运输的危险品进行分类、识别、包装、标签和标记，提交正确填制的危险品运输文件。作为货物代理人或承运人的货物接收人员有必要明确托运人应如何对危险品进行包装，他们应遵守哪些规定。

第一，托运人使用的包装、容器可能是由专门的包装生产厂家制造并由其进行过规定的包装试验的；也可能是托运人在提交运输以前先委托他人进行包装的。无论何种情况，托运人都应对所使用的包装质量负全部责任。托运人当然可以就包装质量问题与有关各方交涉，但这与承运人无关。一旦出现问题，承运人只让托运人负全部责任。

第二，托运人必须按照相关规则对货物进行包装。选用允许使用的包装类型，遵守对各种危险物品的适用包装方法、单件净重和总净重的规定。在准备危险品的每一包装件时，托运人必须：

（1）遵守与所选用包装类型相关的一系列包装要求。

（2）选用的包装必须是"危险品品名表"中 G 栏、I 栏或 K 栏指定包装说明中适用的包装。

（3）对所有包装而言，在"危险品品名表"的 H 栏、J 栏或 L 栏中，对每一包装件的盛装数量有所限制，而包装设计本身对此也有限制。在这种情况下，应采用两者之中包装较严格的限制。此外，关于组合包装，每一内包装的数量限制，不得超过适用的包装说明中的规定。

（4）包装的所有组成部分，必须按预定方式组装牢固。

（5）应保证组装的包装件外表面没有灌装过程自身带来的或罐装/组装区周围环境带来的污染。

（6）向经营人交运包装件时，应保证托运人已全部履行有关包装的责任。

第三，托运人不得将危险物品装入集装箱或集装器，但下列事项除外：

（1）装有放射性物品的放射性专用货箱。该集装箱必须有永久性封装功能，坚固耐重复使用。

（2）按照包装说明 Y963 准备的装有日用消费品的集装器或其他类型的货盘。

（3）装有固体二氧化碳（干冰）的集装器，但该干冰用于冷冻非危险物品。

（4）事先已获经营人批准的装有磁性物质的集装器。

第四，货物交付运输后，在启运前发现包装破损散漏的，如不能证明是承运人过失造成的，托运人有责任修理或更换包装；如果能证明是承运人的过失，也应由托运人责任修理或更换包装，但由承运人赔偿托运人由此而造成的直接损失，经修理或更换后的包装也必须符合相关规则的要

求。获准重复使用一个包装或合成包装件之前，托运人必须保证除去或抹掉所有不再适用的危险物品标记和标签。

第五，若在特殊情况下，托运人所使用的包装与相关规则中具体规定不一致，托运人有责任向承运人提供包装试验和适用情况的证明文件。

二、包装方式

包装方式包括单一包装和组合包装。

1. 单一包装

在运输过程中，不需要任何内包装来完成其盛放功能的包装，一般由钢铁、铝、塑料或其他被许可的材料制成（图5-1）。

2. 组合包装

由木材、纤维板、金属或塑料制成的一层外包装，内装有金属、塑料、玻璃或陶瓷制成的内包装，根据不同需要，包装内还可以用吸附或衬垫材料（图5-2）。

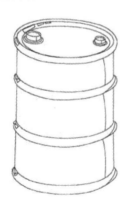

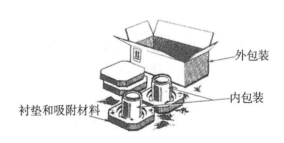

外包装

内包装

衬垫和吸附材料

图5-1 单一包装　　　　　图5-2 组合包装

三、有关包装的术语

Package（包装件）——货物经过包装所形成的整体。

Packing（打包）——将货物用适当材料扎紧、固定或增加强度的工艺和操作。

Inner Packaging（内包装）——为了运输而需要加外包装的包装。

Outer Packaging（外包装）——指复合包装或组合包装的外保护层，包括包容和保护内容器或内包装的吸附材料、衬垫及任何其他必要包装。

Single Packaging（单一包装）——不需任何内包装即能在运输中起到其包容作用的包装。

Composite Packaging（复合包装）——该包装由一个外包装和一个内容器制成，该内容器与外包装构成一个完整的包装，完成后成为一个单体包装，在灌装、储存和运输以及控制时始终为单一体包装。注：在技术细则中复合包装视为单一包装。

Combination Packaging（组合包装）——为运输目的，按《危险品规则》第 5 章的有关规定由一个或多个内包装装入一个外包装组成的包装组合体。

Overpack（合成包装）——为便于作业和装载，一托运人将一个或多个包装件放入一个封闭物之中组成一个作业单元，此定义不包括集装器。

Salvage Packaging（补救包装）——指用于出现破损、残缺、渗漏、不符合规定的危险物品包装件或已泄露的危险物品的特殊包装。其目的在于使危险物品能继续运输或进行处理。

第二节　包装的类型

包装的类型分为 UN 规格包装、限制数量包装、例外数量包装和其他类型包装等（不包括放射性物质）。

一、UN 规格包装

UN 规格包装一般由政府部门授权的机构进行性能测试（包括跌落试验、堆码试验等），以保证在正常的运输条件下内装物不至于损坏。此性能测试的技术标准是取决于内装物的危险性程度，并且外包装上标有 UN 规格包装标记。

二、限制数量包装

限制数量包装件是针对数量较小的货物采用的组合包装件，其性能测试要求不同于 UN 规格的包装，它只需要满足国际航协《危险品规则》6.7 所述的 1.2m 跌落试验和 24h 堆垛试验的测试要求；这种包装不需要其他特殊的标记，但必须标记"LIMITED QUANTITY"或"LTD QTY"的字样。限制数量包装不允许单一包装，包括复合包装。

三、例外数量包装

极少量的危险品可能可以作为例外数量危险品载运，并可以免受国际航协《危险品规则》关于危险品文件、危险性标签和装载隔离要求的限制，包括封盖在内的用于例外数量危险品运输的包装必须质量优良。

四、其他类型包装

有些物品不需要包装就可以运输，例如 Automobiles（汽车），UN31660 有些包装说明允许其他类型包装，但必须符合国际航协《危险品规则》中 5.0.2 的一般包装要求，例如包装说明 200、805、904。

五、包装等级

根据物质或物品的危险程度，将第 3~6 类、第 8 类和第 5 类危险品划分为 3 个包装等级，即Ⅰ级、Ⅱ级和Ⅲ级：Ⅰ级包装，危险性较大；Ⅱ级包装，危险性中等；Ⅲ级包装，危险性较小。

第 9 类的某些物质和第 5.1 项中的液体物质的包装等级，不是根据技术标准而是根据经验划分的，在国际航协《危险品规则》第 4.2 节的"危险品品名表"中可以查到上述物质及包装等级。

第三节　包装标记和说明

一、UN 包装（联合国规格包装）

在危险货物的包装中，除以限制数量进行运输的危险品和某些有特殊运输要求的危险品外，绝大多数危险货物的包装均采用 UN 规格包装。UN 和 IATA 对这类包装的类型、代码、性能测试及标记等均有严格、统一的规定，本节就对这类包装做全面介绍。

UN 规格包装分为两种，分别是组合包装和单一包装。

IATA 根据联合国规格包装的标准，用不同的代码表示不同类型的危险物品包装。包装代码分为两个系列，第一个系列适用于内包装以外的包装，第二个系列适用于内包装。

内包装以外的包装中，外包装/单一包装与复合包装的代码位数也有区别。

1. 外包装/单一包装

外包装编号由阿拉伯数字和大写拉丁字母两部分组成：

阿拉伯数字，表示包装的种类，如桶、箱等；

大写拉丁字母，表示材料的性质，如钢、木等。

2. 复合包装

此三位或四位代码由一个或两个数字和两个字母组成：

两个大写拉丁字母顺次地写在代码中的第二、三位上，第一个字母表示内容器的材料，第二个字母表示外包装的材料。另外两个数字的表示含义同上。

3. 组合包装

仅采用表示外包装的代码，即由一个或两个阿拉伯数字和一个字母组成。

其中用于表示包装种类的阿拉伯数字具有如下含义：

1—（圆）桶　　　　　　　　　（Drum）

2—预留

3—方形桶　　　　　　　　　　（Square tub）

4—箱　　　　　　　　　　　　（Box）

5—袋　　　　　　　　　　　　（Bag）

6—复合包装　　　　　　　　　（Composite Packaging）

包装材料分别用下列拉丁字母表示：

A—钢（各种型号和各种表面处理的钢）　〔Steel（all types and surface treatments）〕

B—铝（Aluminum）

C—天然木材（Natural wood）

D—胶合板（plywood）

F—再生木材（Reconstituted wood）

G—纤维板（Fiberboard）

H—塑料（plastic material）

L—纺织品（textile）

M—纸、多层的（Paper multilevel）

N—金属（不包括钢和铝）〔Metal（other than steel or aluminum）〕

在包装代码后可加上字母"V""U""W"或"T"，它们具有不同的含义。

字母"V"表示本包装为特殊包装。所谓"特殊包装"就是指物品或盛装固体液体的任何类型内包装，当满足一定条件时，不必装于外包装进行测试，就可以装于外包装内运输。

如果字母"V"在包装代码后面，表明本包装为符合规则要求的"特殊包装"。

字母"U"表明本包装为感染性物质的特殊包装。"感染性物质的特殊包装"的任何类型的内容器都可装于中层包装中，并且在满足某些条件时，可不经测试装于外包装中运输。

字母"W"表明虽然代码是指同样的包装类型，但该包装的制造规格与国际航协《危险品规则》6.2不同，不过可视为同样符合国际航协《危险品规则》6.0.1.3 的要求。空运这类包装须由始发国书面批准。

字母"T"表明本包装为国际航协《危险品规则》5.0.1.6、6.0.7 和 6.7 规定的"补救包装"。

二、包装代码表

表 5-1 列出了包装说明中的内包装代码，内包装代码包括三个或四个编码：大写拉丁字母"IP"表示"内包装"（Inner Packagings）；阿拉伯数字表示内包装的种类，有的情况下数字后还会有一个大写字母，表示这一种类内包装的更细分类。

表 5-1　包装说明中的内包装代码

名称	规格代码
内包装	
玻璃	IP1
塑料容器	IP2
金属罐、筒或管	IP3；IP3A（铝）
多层纸袋	IP4
塑料袋	IP5
纤维板盒或箱	4G
金属容器（气溶栓），一次性使用	IP7
金属容器（气溶栓），一次性使用	IP7A
金属容器（气溶栓），一次性使用	IP7B
塑料气溶栓	IP7C
金属或塑料软管	IP9

表 5-2 中列出了航空运输使用的 UN 规格包装，表中注明了包装类型和规格代号。

表 5—2　包装说明中的 UN 规格包装的包装类型和规格代号

名称	规格代码
外包装和单一包装	
瓶盖 盖子不可取下 盖子可取下	 1A1 1A2
铝桶 盖子不可取下 盖子可取下	 1B1 1B2
胶合板桶	1D
纤维板桶	1G
钢制方形桶 盖子不可取下 盖子可取	 3A1 3A2
铝制方形桶 盖子不可取下 盖子可取下	 3B1 3B2
塑料桶及方形桶 塑料桶，盖子不可取下 塑料桶，盖子可取下 方形桶，盖子不可取下 方形桶，盖子可取下	 1H1 1H2 3H1 3H2
金属桶（除钢桶和铝桶之外） 盖子不可取下 盖子可取下	 1H1 1H2
钢箱、铝箱或其他金属箱 钢箱 铝箱 其他金属箱	 4A 4B 4N
天然木箱 普通型 接缝严密型	 4C1 4C2
胶合板箱	4D
再生木材箱	4G
纤维板箱	4F

续表

名称	规格代码
塑料箱 泡沫塑料箱 硬质塑料箱	 4H1 4H2
编织袋 防漏型 防水型	 5L1 5L2
塑料编织袋 无里衬或涂层 防漏型	 5H1 5H2
防水型	5H3
塑料薄膜袋	5H4
复合包装（塑料材质） 钢壳塑料桶 钢壳塑料箱 铝壳塑料桶 铝壳塑料箱 木壳塑料箱 胶合板壳塑料桶 胶合板壳塑料箱 纤维板壳塑料桶 纤维板壳塑料箱 塑料外壳塑料桶 硬质塑料外壳塑料箱	 6HA1 6HA2 6HB1 6NB2 6HC 6HD1 6HD2 6HG1 6HG2 6HH1 6HH2
纸袋 多层型 多层防水型	 5M1 5M2

三、UN 规格包装的标记

UN 规格包装的标记示例见表 5-3。

（1）联合国包装箱符号。用 ⓤⓝ 表示，该符号表示此种设计类型的包装已成功通过实验，其标记和包装制造商有关，而与如何使用无关。对于冲压金属包装，该符号可以用大写字母"UN"代替。

（2）类型代码指联合国用于包装指定类型（规格）代号。如纤维板箱为"4G"（外包装类型规格代号见表 5-4）。

（3）字母 X、Y 或 Z 表示其设计形式已通过了测试并满足相对应包装等级的要求：

X 用于Ⅰ级包装（本包装用于Ⅰ、Ⅱ、Ⅲ级包装的物品和物质）；

Y 用于Ⅱ级包装（本包装用于Ⅱ、Ⅲ级包装的物品和物质）；

Z 用于Ⅲ级包装（本包装用于Ⅲ级包装的物品和物质）。

盛装液体的单一包装，字母 X、Y、Z 后的一个数字表示相对密度，四舍五入至第一位小数，表示按此相对密度的包装设计类型已通过了试验，若相对密度不超过 1.2 可省略。

盛装液体的单一包装，表示包装容器能承受的液压试验压力值，单位为千帕（kPa），四舍五入至十位数。

（4）拟装固体或内包装的包装，字母 X、Y、Z 后的一个数字为最大毛重（以 kg 表示），以表示按此最大毛重的包装设计类型已通过了试验。

（5）对盛装固体或带有内包装，在显示毛重的数字后使用字母"S"。

（6）在显示毛重的数字后或字母"S"后标出包装制造年份的最后两位数。包装类型为 1H1、1H2、3H1 和 3H2 的，还必须正确标出制造年份，月份可标在包装的标记剩余的其他地方。

（7）在年份后标出国家主管部门规定的国籍识别标记。

（8）国籍识别标记后为制造商或主管当局所规定的其他的识别符号。

表 5-3　UN 规格包装标记示例

包装	UN符号	类型代码	包装等级	毛重	固体或内包装	密度	试验压力	生产年份	国家	生产厂商	完整代码
纤维板纸箱	⒰n	4G	Y	145	S			02	NL	VL 823	⒰n 4G/Y145/S/ 02NL/VL823
纤维板纸箱	⒰n	4G	X Y Z	20 30 45	S			02	NL	ABC 1234	⒰n 4G/X20-Y 30-Z45/S/02 NL/ABC1234
盛装液体的钢桶	⒰n	1 A1	Y			1.4	150	02	NL	VL 824	⒰n 1 A1/Y1.4/ 150/02NL/ VL824

续表

包装	UN符号	类型代码	包装等级	毛重	固体或内包装	密度	试验压力	生产年份	国家	生产厂商	完整代码
盛装固体或内包装的钢桶	ⓤⓝ	1A2	Y	150	S			02	NL	VL825	ⓤⓝ1A2/Y150/S/02NL/VL825
等效规格塑料箱	ⓤⓝ	4HW	Y	136	S			02	NL	VL826	ⓤⓝ4HW/Y136/S/02NL/VL826

四、包装说明

危险品包装件必须严格按照国际航协《危险品规则》的包装说明来包装，包装说明举例如下。

包装说明 800

国家差异：USG−13

运营人差异：AM−08，CI−01，E8−02，LA−08，MH−10，MX−08

此说明适用于装载在客/货机或仅限货机的 UN2794 和 UN2795。

包装必须达到 II 级包装的性能标准。

电池组必须选用下列的任一外包装，包装内必须有坚固、严密的耐酸/碱的内衬，以免在意外情况下发生渗漏。电池组在包装时必须使其冲入液体的开口和排气口保持向上，防止短路并要在包装内用衬垫材料填紧。包装件的直立方向必须用"Package Orientation（向上）"标签标出。在包装件的顶面还可印上"THIS SIDE UP（此面向上）"或"THIS END UP（此端向上）"。

如果电池组作为整个设备的不可缺少的组成部分进行运输，他们必须安装牢固且保持直立向上，并要防止与其他物品接触而引起短路。如果整个设备不能直立运输，必须将电池组拆下按本包装说明进行包装。

电池组、蓄电池与电池液放入同一外包装的情况，见 UN2796 和 UN2797。

表 5-4　外包装类型

类型	桶			方桶	箱				
名称	胶合板	纤维	塑料	塑料	木	胶合板	再生木材	纤维板	塑料
规格	1D	1G	1 H2	3 H2	4 C1 4 C2	4D	4F	4G	4 H2

包装说明 904

国家差异：BEG-05，SAG-04，USG-12

运营人差异：AM-09，AS-11，BD-01，CA-08，C0-09，CS-09，HP-02，IC-08，KE-06，LC-09，TY-06，VN-11

本细则适用于客机和货机上承运的以及 CAO 的 UN1845。

必须满足《危险品规则》5.0.2 的一般包装要求。

为空运固体二氧化碳（干冰）而设计和制造的包装，必须易于排出二氧化碳气体，以免内部压力升高而损坏包装。

每次运输之前，托运人与运营人必须制定方案，以保证执行安全通风的措施。

对于《危险品规则》8.1 和 10.8.1 中的托运人申报单要求，仅当固体二氧化碳（干冰）用作危险品的冷却剂，而且该危险品需要托运人申报单时才使用。

不需要托运人申报单时，在航空运单的"货物品名"栏中必须包含《危险品规则》8.2.3 所要求的、有关固体二氧化碳（干冰）的下述信息：

（1）运输专用名称（干冰或固体二氧化碳）；

（2）第 9 类；

（3）UN1845；

（4）包装件数目：

（5）每包装件内的干冰净含量。

第四节　包装要求及检查

一、一般包装要求

危险品必须使用优质包装。这些包装不得有任何损坏迹象，必须具有足够的强度来抵抗运输途中在正常情况下会遇到的冲击与装载，包括从货盘、集装器或者合成包装件取下做进一步的手工或机械处理。包装件的结构和封闭性能必须适应正常航空运输条件下温度、湿度、压力（比如由于海拔高度所产生）或振动的变化而不致泄漏，包装件外部不得沾染达到有害数量的危险品。这些规定适用于新的、翻新的和重新制造的包装。

二、内包装要求

1. 衬垫材料

内包装被包装、固定或衬垫在外包装内时，必须保证在正常运输条件下不致破裂、泄露或在外包装内移动。衬垫材料不得与内包装中物品发生危险反应。内包装如有泄露不会降低衬垫作用。

2. 吸附材料

除非在本节或保证说明中另有规定，装入玻璃、陶瓷、塑料或金属内包装的第 3 类、第 4 类、第 5 类、第 8 类或第 6.1 项的液体，在包装时必须根据表 5-3 使用能够吸收液体的吸附材料。这种吸附材料不得与被吸收液体发生危险的反应。如果在正常运输条件下，内包装不会破裂并且能防止内装物漏出外包装，可以不要求吸附材料。

如果要求使用吸附材料且外包装对液体无防漏性能，则必须在外包装内加上里衬或给内包装加上塑料袋或采用其他效果相同的方法。如果要求使用吸附材料，每一外包装内的用量和填入必须符合如下要求（表 5-5）。

表 5-5　对吸附材料的要求

项目	客机	仅限货机
Ⅰ级包装	A	B
Ⅱ级包装	B	B
Ⅲ级包装	C	C

　　注：A表示吸附材料能够吸收全部内包装中的液体。B表示吸附材料能够吸收任一内包装中的液体，如果内包装的大小不同，应能够完全吸收容量最多的内包装中的液体。C表示不要求使用吸附材料。

三、其他包装要求

　　（1）外包装的质地和厚度必须保证在运输中发生摩擦时不致发热而改变内装物的化学稳定性。

　　（2）如果内装物可能释放气体，为了降低包装内部压力而需要排气的包装在航空运输中不准使用，除非国际航协《危险品规则》另有规定。

　　（3）盛装液体危险品或感染性物质的组合包装（不包括仅含120mL或120mL以下易燃液体的内包装，或初级容器内含感染性物质不超过50mL的内包装），在包装时内包装的封闭盖必须朝上，在包装件上必须贴有向上标贴以指明它的竖直方向，也可以在包装件的顶面写上"THIS END UP"或"THIS SIDE UP"。

　　（4）包装件尺寸不得太小，其表面必须有充分余地来粘贴所需的标贴和标记。

　　（5）装过某种危险品的空容器，如果未清理干净仍存在危险性则必须将其严格封闭并按原危险品包装处理，除非已采取适当的措施使危险性彻底消除。

　　（6）曾装过第7类放射性物品的包装，按照国际航协《危险品规则》有关放射性物品的规定处理。

　　（7）曾装过感染性物质的空容器，必须彻底地消毒和杀菌，一切和感染性物质有关的标贴和标记都必须处理掉。

　　（8）液体包装的要求可在国际航协《危险品规则》5.0.2.14章节中查阅。

四、危险品货物包装的检查

（1）步骤一：参阅国际航协《危险品规则》4.2 表格。

①确定运输专用名称和 UN/ID 编号；

②注意包装等级；

③确定该物品或物质是否允许装入客货机还是仅限货机；

④注意包装说明；

⑤注意每个包装件的最大允许净重或最大允许毛重；

⑥注意是否有包装的特殊规定。

（2）步骤二：确认合适的包装说明。

注意包装说明的第一个数字表示被包装货物主要危险性的类别。

（3）步骤三：确认该包装符合包装说明的所有要求。

以待运输危险品的数量、可利用的包装等为考虑的基础，根据使用的包装说明，托运决定使用何种包装，可供的选择为：

①根据标准三位代码包装说明的 UN 规格包装；

②根据"Y"包装说明的限制数量包装；

③根据一些标准三位代码包装说明允许的其他包装。

（4）步骤四：确认符合指定包装的数量限制。

确认符合包装级别要求；没有超出限制。

通常情况下货运代理或运营人不得打开危险品包装件以检查是否符合包装说明的要求，因为：

①是否符合包装要求是托运人的责任；

②有可能破坏外包装的统一性，因此可能不再能通过性能试验；

③可能对人体有潜在的危险。

第六章　危险品的标记与标签

第一节　标　记

一、托运人的具体责任

对于需要做标记的危险品包装件或合成包装件，托运人必须按照下列各项要求办理：

（1）检查所有有关的标记是否已标注在包装件或合成包装件的正确位置上，是否符合国际航协《危险品规则》的具体要求。

（2）去除包装件或合成包装件上所有无关的标记。

（3）确保国际航协《危险品规则》第五章要求使用规格包装件的，用来盛装危险品的每一外包装或单一包装上，标出国际航协《危险品规则》6.0.4所规定的规格标记。

（4）任何适用的新标记都应标注在正确的位置上，并确保标记要经久耐用且规格正确。

（5）托运人必须确保危险品的包装件或合成包装件交给运营人托运时，标记工作彻底完成。

二、标记种类

1. 基本标记

基本标记——作为最基本的要求，每个含有危险品的包装件或合成包装件都需要清晰地标出（图 6—1）：

（1）运输专用名称（需要时补充以适当的技术名称）。

（2）UN 或 ID 编号（包括前缀字母 UN 或 ID）。

（3）托运人及收货人名称及地址。

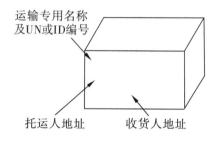

运输专用名称
及UN或ID编号

托运人地址　　　　收货人地址

图 6—1　危险品的包装件或合成包装件的基本标记

2. 附加标记

对于下列危险品或包装件，除需要使用上述基本信息标记外，还需附加标记。

（1）如果包装件尺寸允许，托运人及收货人的全名和地址必须与运输专用名称标记邻近，且位于包装件的同一表面上。

（2）必须注明每一个包装件所含危险品的净数量。当"危险品品名表"中 H 栏所示的最大净数量为毛重时，必须注明包装件的毛重并在计量单位后注明字母"G"。

此净数量应标注在 UN 编号和运输专用名称的旁边。注：含有符合包装说明 965（适用于客机装载和仅限于货机装载的锂电池或锂聚合电池芯及电池）和 968（适用于客机装载和仅限于货机装载的锂金属或锂合金电池芯及电池）的 IB 部分的锂电池的包装件上显示的量应为毛重。

这一要求不适用于：①托运的货物中仅含一个危险品的包装件；②托运的货物中含多个相同危险品的包装件（例如每个包装件具有相同的 UN

编号、运输专用名称，包装等级及相同的量）；③ID8000 日用消费品和放射性物品（第 7 类）。

（3）对于固体二氧化碳（干冰）UN1845：应注明每个包装件中所含干冰的净重。

（4）对于第 6.2 项感染性物质，应注明负责人的姓名及电话号码。

（5）对于第 2.2 项的冷冻液化气体（包装说明 202）：每一包装件上位置必须用箭头，或用"包装件方向"标签明显标示；环绕包装件每隔 120°或每侧面都必须标出"保持向上"（"KEEP UPRIGHT"）；必须清楚地标上"切勿扔摔，小心轻放"（"DO NOT DROP－HANDLE WITH CARE"）字样；必须标注延误、无人提取或出现紧急情况时应遵循的处置说明。

（6）对内装 UN3373 的包装件：必须标注"生物物质，B 级"及包装说明 650 中所示的菱形标记。注：内装生物物质的包装件，不需在外包装上注明净重。但是当使用干冰作为制冷剂时，需注明干冰的净重。

（7）当根据特殊规定 A144 运输带有化学氧气发生器的呼吸保护装置（PBE）时，必须在包装件上的运输专用名称旁注明"飞行机组呼吸保护装置（防烟罩），符合 A144 特殊规定"的说明文字。

（8）当运输环境危害物质时，需在包装件上标注。

（9）按限制数量规定托运的危险品包装件必须标示限制数量标记。

（10）对于例外数量危险品，包装件上应标有标记。

（11）补救包装：需标明"补救（Salvage）"字样。

（12）锂电池：符合包装说明 965 和 968 第 IB 部分及 965 至 970 第Ⅱ部分的含有锂电池的包装件，必须同时使用与包装说明相应的"Lithium battery 锂电池操作航乘务危险品运输教程标签"和第 9 类危险性标签。其中，锂电池操作标签上必须填写"锂金属电池"或"锂离子电池"的文字，如适用，填写能提供其他信息的电话号码。当包装内同时含有这两种电池时，标签上应显示"锂金属电池或锂离子电池"的字样。锂电池操作标签必须使英文。此外，如需要，可印制正确翻译的另一种文字作为英文的补充。

三、标记的使用要求

危险物品包装件标记是用于说明所装危险物品的相关信息，有如下使用要求：

（1）所有标记必须清楚易见，不得被包装的任何部分及附属物或任何其他标签和标记所遮盖。

（2）标记必须经久耐用，印刷、用其他方式打印或粘贴在包装件或合成包装件和标记所遮盖的外表面，并用对比色使其鲜明醒目。

（3）标记必须使用英文，如始发国需要，亦可同时使用其他文字。

（4）对于合成包装件，应使内部每一个包装件上显示的运输专用名称、联合国编号以及其他包装标记必须清晰可见；或者重新标注在合成包装件的外面。

第二节　危险品运输包装的标签

一、标签的种类

所有的标签在形状、颜色、格式和文字说明上都必须符合相关法规的设计要求。危险品包装标签分为两种类项：

危险性标签（菱形），大多数危险物品都需要粘贴此种标签；

操作标签（矩形），某些危险物品需要粘贴此种标签，既可单独使用，也可与危险性标签同时并用。

二、标签的使用

1. 危险性标签的使用

危险物品包装件及合成包装件上应使用的危险性标签都在"危险品品名表"中列出。表中列出的每一物品和物质都要求使用一种指定的主要危险性标签。具有次要危险性的每一物品和物质应使用一种或一种以上的次

要危险性标签。

说明危险物品主要危险的标签的底角上必须标有类和项的号码。说明危险物品次要危险的标签无须标出类和项的号码，若已有号码则必须清除掉。

具体而言：

（1）第1类物质（爆炸品）必须注意以下几点。

①要求贴1.1、1.2、1.3、1.4F、1.5和1.6项爆炸品标签的包装件（少数例外）通常是禁止空运的。

②必要时，类、项及配装组号码或字母必须填写在标签上。

（2）第2类物质（气体），有三种不同标签：

①红色标签用于2.1项易燃气体。

②绿色标签用于2.2项非易燃无毒气体。

③白色标签用于2.3项毒性气体。

（3）第4.2项物质（自燃物质）：如易燃固体具有次要危险性，亦无需标贴4.1项的次要危险性标签。

（4）第5类物质（氧化剂和有机过氧化物）：

①必要时，类别中项的号码，即"5.1"或"5.2"必须填写在底角处。

②盛装有机过氧化物的包装件，又符合8类物质Ⅰ级或Ⅱ级包装标准时，必须粘贴腐蚀性的次要危险性标签。

许多液态有机过氧化物的成分是易燃的，但无须粘贴易燃液体的次要危险性标签，因为有机过氧化物标签本身就意味着该产品可能是易燃的。

（5）第6.1项物质（毒性物质）：属于6.1项含有主要的或次要的危险性的物质（毒性物质），其毒性物质标签内容可以"毒性的（Toxic)"或"有毒的（Poison)"字样表示。

（6）第8类腐蚀性物质，具有只破坏皮肤组织的次要危险性，无需使用6.1项次要危险性标签。

（7）第9类物质的包装件必须贴有"危险品品名表"所要求的9类"杂项危险物（Miscellaneous dangerous goods)"标签。当包装件内盛装磁性物质时，必须贴上"磁性物质（Magnetized material)"标签代替杂项危险物品标签。

（8）货主在交运任何废料包装进行航空运输之前，必须确保按下列要求贴标签：

①包装内所含危险物品的所有标签必须在该包装上再贴出。

②仅限货机运输的含有危险物品的包装件，必须粘贴"仅限货机（Cargo Aircraft Only）"标签。

2. 操作标签的使用

操作标签既可单独使用也可与危险性标签一起使用。具体说明如下。

"磁性物质"标签：必须用在装有磁性物质包装件及合成包装件上。

"仅限货机"标签：必须用在仅限货机运输的危险物品包装件上。但当包装说明号及包装件的允许量指明客、货机均可运输时，不得使用"仅限货机"的标签。即使是在同一票货中由于其他包装件而在托运人申报单中标明"仅限货机"时，"仅限货机"标签也不能用于按照客机限制包装的包装件。

"冷冻液体"标签：含有冷冻液体的包装件和合成包装件上的"冷冻液体"操作标签，必须与非易燃气体（2.2项）危险性标签同时使用。

"包装件方向"（向上）标签：盛装液体危险物品的组合包装件及合成包装件必须使用"包装件方向"（向上）标签，或者使用事先印制在包装件上的包装件方向标签。但感染性物质、放射性物质或内包装盛有120mL以下的易燃液体的包装件除外。标签的横线下应填入"危险物品"字样，标签必须粘贴或者印制在包装件相对的两个侧面以表明包装件的方向，使其封闭处始终朝上。粘贴包装件方向标签时，还应将"THIS END UP"或"THIS SIDE UP"字样填写在包装件或合成包装件的顶面。

3. 标签的粘贴要求

（1）所有标签必须牢固地粘贴或印制在包装上，以使它们清楚可见，而不被包装的任何部分或其他标签遮盖。

（2）每一标签必须粘贴或印制在颜色对比明显的底面上，标签的外边缘应有虚线和实线。

（3）标签粘贴时不得折叠，不得将同一标签贴在包装件的不同侧面上。

（4）如果包装件的形状非正规，其表面无法粘贴标签，可以使用硬质的拴挂标签。

（5）包装件必须有足够位置粘贴所有要求的标签。

（6）标签位置：如果包装件的尺寸足够，标签应粘贴在标记相应运输专用名称的同一侧面，并靠近运输专用名称的位置；标签应压紧接着托运人、收货人的地址贴；如果需要粘贴标明主要危险性和次要危险性的标签，次要危险性标签应紧接主要危险性标签粘贴在包装的同一侧面；若同一包装件中有不同条目的危险品需要粘贴多个危险性标签，则这些标签必须彼此相邻；除包装件的尺寸不足外，危险性标签必须以 45°（菱形）的角度粘贴。

（7）仅限货机标签："仅限货机"标签必须紧接着危险性标签贴。

（8）方向标签：表示包装件方向的"向上"标签至少在包装件上贴两个，在两个相对的侧面上各贴一个，箭头方向必须保持向上。

（9）合成包装件：要求在一个合成包装内的包装件上使用的标签必须清晰可见，或者重新制作一个标签贴于合成包装件的外部。

（10）其他形式标签：除规则中规定的标签外，其他国际、国家运输规则要求的标签亦可使用，但其颜色、设计及样式不得与本规则要求的相矛盾、相混淆。

粘贴好标记、标签的包装件如图 6-2、图 6-3 所示。

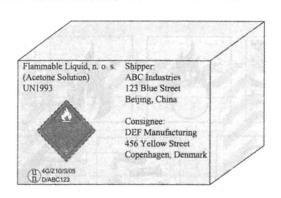

图 6-2　危险品包装件标记、标签示意一

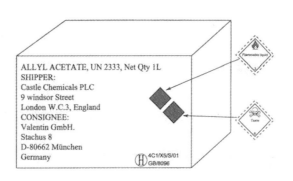

ALLYL ACETATE, UN 2333, Net Qty 1L
SHIPPER:
Castle Chemicals PLC
9 windsor Street
London W.C.3, England
CONSIGNEE:
Valentin GmbH.
Stachus 8
D-80662 München
Germany

4C1/X5/S/01
GB/8096

图 6-3 危险品包装件标记、标签示意二

三、标签规格实样

1. 危险性标签实样

危险性标签解释及实样见表 6-1。

表 6-1 危险性标签解释及实样列表

第 1 类 爆炸品（1.1、1.2、1.3 项） 名称：爆炸品 货运标准代码：适用于 REX、RCX、RGX 最小尺寸：100mm×100mm 图像符号（爆炸的炸弹）：黑色 底色：橘黄色 注：1.1、1.2 项爆炸品标签的包装件（少数例外）通常是禁止空运的	
第 1 类 爆炸品（1.4 项） 名称：爆炸品 货运标准代码：适用于 RXB、RXC、RXD、RXE、RXG、RXS 最小尺寸：100mm×100mm 图像符号：黑色 底色：橘黄色	

民航危险品运输概论

续表

第1类　爆炸品（1.5项） 名称：爆炸品 货运标准代码：REX 最小尺寸：100mm×100mm 图像符号：黑色 底色：橘黄色 注：贴有此标签的包装件通常是禁止空运的	
第1类　爆炸品（1.6项） 名称：爆炸品 货运标准代码：REX 最小尺寸：100mm×100mm 图像符号：黑色 底色：橘黄色 注：贴有此标签的包装件通常是禁止空运的	
第2类　气体：易燃（2.1项） 名称：易燃气体 货运标准代码：RFG 最小尺寸：100mm×100mm 图像符号（火焰）：黑色或白色 底色：红色	
第2类　气体：非易燃，无毒（2.2项） 名称：非易燃、无毒气体 货运标准代码：RNG 或 RCL 最小尺寸：100mm×100mm 图像符号：黑色或白色 底色：绿色	

第 2 类　气体：有毒（2.3 项） 名称：有毒气体 货运标准代码：RPG 最小尺寸：100mm×100mm 图像符号（骷髅和交叉股骨）：黑色 底色：白色	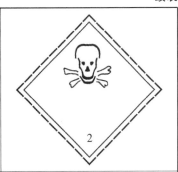
第 3 类　易燃液体 名称：易燃液体 货运标准代码：RFL 最小尺寸：100mm×100mm 图像符号（火焰）：黑色或白色 底色：红色	
第 4 类　易燃固体（4.1 项） 名称：易燃固体 货运标准代码：RFS 最小尺寸：100mm×100mm 图像符号（火焰）：黑色 底色：白色，带有七条红色竖道	
第 4 类　自燃物质（4.2 项） 名称：自燃物质 货运标准代码：RSC 最小尺寸：100mm×100mm 图像符号（火焰）：黑色 底色：上半部白色，下半部红色	

民航危险品运输概论

续表

第4类　遇水释放易燃气体的物质（4.3项） 名称：遇水释放易燃气体的物质 货运标准代码：RFW 最小尺寸：100mm×100mm 图像符号（火焰）：黑色或白色 底色：蓝色 注：此标签也可印为蓝色底面，图形符号（火焰）、数字及边线均为黑色	
第5类　氧化性物质（5.1项） 名称：氧化剂（oxidizer） 货运标准代码：ROX 最小尺寸：100mm×100mm 图像符号（圆圈上带火焰）：黑色 底色：黄色 注：此标签也可印为红色底面，图形符号（火焰）、数字及边线均为黑色	
第5类　有机过氧化物（5.2项） 名称：有机过氧化物（Organic peroxide） 货运标准代码：ROP 最小尺寸：100mm×100mm 图像符号（圆圈上带火焰）：黑色或白色 底色：上半部红色，下半部黄色	
第6类　毒性物质（6.1项） 名称：毒性物质 货运标准代码：RPB 最小尺寸：100mm×100mm 图像符号（骷髅和交叉股骨）：黑色 底色：白色	

续表

第6类 感染性物质（6.2项） 名称：感染性物质 货运标准代码：RIS 最小尺寸：100mm×100mm 图像符号（三枚新月叠加在一个圆圈上）和说 明文字：黑色 底色：白色	
第7类 放射性物品Ⅰ级－白色 名称：放射性物品（Radioactive） 货运标准代码：RRW 最小尺寸：100mm×100mm 图像符号（三叶行标记）和说明文字：黑色 底色：白色	
第7类 放射性物品Ⅱ级－黄色 名称：放射性物品（Radioactive） 货运标准代码：RRY 最小尺寸：100mm×100mm 图像符号（三叶行标记）和说明文字：黑色 底色：上半部黄色带白边，下半部白色	
第7类 放射性物品Ⅲ级－黄色 名称：放射性物品（Radioactive） 货运标准代码：RRY 最小尺寸：100mm×100mm 图像符号（三叶行标记）和说明文字：黑色 底色：上半部黄色带白边，下半部白色	

第 7 类　放射性物品　临界安全指数标签 最小尺寸：100mm×100mm 说明文字（必须注明）：白色底色标签的上半部 标注黑色文字"FISSILE（裂变物质）"	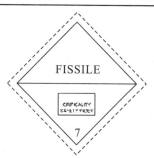
第 8 类　腐蚀性物质 名称：腐蚀性物质（Corrosives） 货运标准代码：RCM 最小尺寸：100mm×100mm 图像符号（液体从两只玻璃容器中溢出并溅到 手上和金属上）：黑色 底色：上半部白色，下半部黑色，带有白色 边线	
第 9 类　杂项危险品 名称：杂项危险品（Miscellaneous） 货运标准代码：RMD 或 ICE、RLI、RLM、 RSB（聚合物颗粒和适用包装说明 957 的塑料造 型化合物） 最小尺寸：100mm×100mm 图像符号（上半部有七条竖道）：黑色 底色：白色	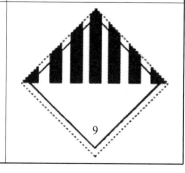

2. 操作标签实样

操作标签解释及实样见表 6-2。

表 6-2　操作标签解释及实样列表

磁性物品 名称：磁性物品货运 标准代码：MAG 最小尺寸：110mm×90mm 颜色：白色为底，图形和文字为蓝色	

续表

仅限货机 名称：仅限货机 货运标准代码：CAO 最小尺寸：120mm×110mm 感染性物质（6 类，6.2 项）小包装件的尺寸可减半 颜色：橘黄色为底，图形和文字为黑色	
冷冻液体 名称：低温液体 货运标准代码：RCL 最小尺寸：75mm×105mm 颜色：绿色为底色，图形和文字为白色 注：可选择添加"当心——如果溢出或泄漏，可造成冷灼伤（caution—may cause cold burn injuries if spilled or leaked）"的文字	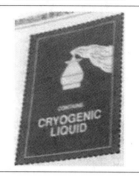
包装件方向 名称：包装件方向（向上） 最小尺寸：74mm×105mm 颜色：红色或黑色，配以高反差背景色	
远离热源 名称：远离热源 最小尺寸：74mm×105mm 颜色：红色和黑色，配以白色背景或其他可选的颜色	

放射性物品 名称：放射性物品，例外包装件 货运标准代码：RRE 颜色：标签的边线必须带有红色斜纹阴影。标签可以用黑色和红色打印在白纸上或仅用红色打印在白纸上 注：1. 可选择性地在标签上添加"此包装件信息不需要列入特种货物机长通知单（NOTOC）上"的文字 2. 适用于特殊规定 A130 的包装件不必粘贴"放射性物品例外包装件"的标签	 图 6.22　放射性例外包装件标签
锂电池标签 名称：锂电池标签货运 标准代码：适用的 RLI、RLM、ELI 或 ELM 当含有锂电池的包装件仅适用小标签时，标签的尺寸可以是 105mm×74mm 颜色：标签边框必须为红色斜阴影线。文字和符号为黑色，配以高反差背景 注：标签中需填写"锂离子电池"和/或"锂金属电池"	

第七章 托运人危险品申报单

在托运危险品时，托运人应按国际航协《危险品规则》中的定义和分类，填写好托运人危险品申报单（以下简称申报单）。交运危险品时托运人必须做到以下几点：

（1）用正确的方法填写正确的表格。

（2）确保表格内所填写的内容准确、易读和耐久。

（3）确保在向公司交运货物时申报单已按规定的要求签署。

（4）确保货物已经按照国际航协《危险品规则》的规定准备完毕。

一、申报单的规格

申报单的表格可用黑色和红色印制在白纸上，或只用红色印刷在白纸上。表格左右两边垂直的斜纹影线必须印成红色。申报单印制必须使用ISO 的 A3 或 A4 型纸。

二、填写申报单的一般原则

（1）申报单应用英文填写，也可以在英文后面附上另一种文字的准确译文。

（2）申报单一式三份，均需按规定填制并签字。两份随货运单和货物送至到达站，一份由始发站留存，其中一份包括上面的签字可为复印件。

注：最初接收危险品货物的运营人，要求保留申报单的原件或复印件。中转运输时，可以接受影印的申报单。

（3）只有第一运营人需要保留托运人申报单的原件。当货物需要中转时，托运人申报单原件的复印件可以作为文件进行保存。

（4）申报单的货运单号码栏、始发站机场栏和目的站机场栏可以由托运人、其代理人填写或修改，也可以由收货人员填写或修改，但是其他栏目必须由托运人或其所雇的代表其承担托运人责任的人或组织填写。

（5）申报单可以手工填写，或使用机器（打字机、电脑）。

（6）申报单必须由托运人或其指定代表签署姓名和日期，签字必须使用全称，可以手写或盖章，但不准使用打字机。当相应的法律法规认可传真签名有效性时，才可以接受传真签名。受雇于托运人的个人或组织（包括集运人、运输商或国际航协货运代理人），如果能够在托运前期作为代表承担托运人的责任并接受过国际航协《危险品规则》1.5要求的培训，方可签署托运人危险品申报单。

（7）申报单上如有涂改，托运人必须在涂改处签字，该签字必须与文件上的签字相一致，货运单号码、始发站机场、到达站机场除外。

三、填写申报单的一般说明

以下要求适用于不含放射性物质的危险品：

（1）Shipper：填写托运人的姓名全称及地址。

（2）Consignee：填写收货人的姓名全称及地址。如果托运人托运传染性物质，还应填写发生事故时可与之联系并能够进行处理的负责人姓名和电话号码。

（3）Air Waybill Number：填写申报的危险品的货运单号码。

（4）Page... of... Pages：填写页码和总页数，如无续页均写为"Page 1 of 1 Pages（第1页，共1页）"。

（5）Aircraft Limitations：填写危险品运输时对机型的限制。如客机、货机均可或仅限货机等，应根据货物的情况而定。将"Passenger and Cargo Aircraft（客机、货机均可）"或"Cargo Aircraft Only（仅限货机）"的两项中一项划掉，另一项保留。

（6）Airport of Departure：填写始发站机场或城市的全称。

（7）Airport of Destination：填写到达站机场或城市的全称。

（8）Shipment Type：填写危险品是否属于放射性物质。划掉"Radioactive（放射性）"字样表明该货物不含放射性材料。除了用作冷却剂的固体二氧化碳（干冰）外，放射性物质不能与其他危险品合并在同一申报单中。

（9）Nature and Quantity of Dangerous Goods：填写危险品的类别与数量。

步骤1，UN or ID NO：填写危险品的联合国或国际航协编号。编号的前面应缀上"UN"或"ID"。

步骤2，Proper Shipping Name：运输专用名称。

填写危险品专用名称，必要时填写技术名称。除运输专用名称中已含有"molten（熔化）"字样外，固体物质交付空运呈熔化状态时，"molten（熔化）"字样必须加入运输专用名称。

步骤3，Class or Division：填写危险品的类别或项别号码。对于第1类爆炸品，应注明配装组。次要危险性类和项号码必须填写在危险性类和项号码后面的括号内。当特殊规定要求或分别根据《危险品规则》C.1和C.2的4.1、5.2项的自身反应物质及有机过氧化物需要粘贴次要危险性标签时，必须填写次要危险性。在主要和/或次要危险性的类或项的数字以前缀"CLASS"或"DIVISION"。

步骤4，Packing Group：填写适用的危险品包装等级，前面可以冠以"PG"字样。

内含任何单个物质的化学物品箱或急救箱，其指定的包装等级是最严格的。

上述步骤1—4的危险品说明必须按照此顺序来表述，除国际航协《危险品规则》允许外不可添加其他信息。

（10）Quantity and Type of Packing：填写危险品的数量和包装种类。

填写包装件的数量（同一种类包装和同一内装物）和包装的种类。包装种类必须使用全称表示，例如"Fibreboardbox（纤维板箱）""steel drum（钢鼓）"等，并且要做到以下几点：

①对于具有不同运输专用名称、UN/ID编号或包装等级的危险品，必须填入每一包装件中危险品的重量或体积表示的净数量或毛重（对于IATA《危险品规则》"危险品品名表"H栏、J栏或L栏出现"G"字母的情况）。

②对于未清洗的，含有残余危险品的空包装，除了第 7 类，必须使用"EMPTY UNCLEANED"或"RESIDUE LAST CONTAINED"的字样进行描述。不需要显示数量，只需要填入包装件件数和包装的种类。

③对于"机器或设备中的危险品"，必须按照物品中危险品呈现的物理状态，即固体、液体或气体状态，分别填写每一危险品各自的总数量。

④当每个包装件的最大允许量标注为"No Limit（不限）"或在"危险品品名表"4.2 H 栏、J 栏或 L 栏具有包装说明参考时，重量填写必须：对于物质，填写净重或体积（如 UN2969、UN3291）；对于和设备包装在一起的锂电池（如 UN3091 和 UN3481），分别依据包装说明 969 和966，填写每一包装件的净重；对于物品，填写跟有字母"G"的毛重（如 UN2794、UN2800、UN2990、UN3166）。

注：如果运输专用名称显示出物质的物理状态，则必须按照固体或液体两种不同形态相应填写以"kg"或"L"表示的计量单位。

⑤对于化学药品箱或急救箱，填写其中危险品的总净重或总净容积（包括重量或体积的单位）。箱内液体的净量应按 1：1 的基础计算其容积，即 1L 等于 1 kg。

⑥当两种或多种不同危险品装入同一外包装时，"Allpacked in one（包装类型描述）"字样必须紧随有关说明。如含有一件以上包装件，每一包装件含有同一类别并可配装的物品，下列说明应紧随有关项目。如"All packed in One（填入包装类型描述）×（填入实际包装件数）"。

⑦两种或两种以上危险品按照 IATA《危险品规则》5.0.2.11 或5.0.3.2 的要求装在同一外包装时，"2"值应精确进到小数点后第一位。

⑧对于用补救包装运输的危险品，应填入剩余重量的估计量和"SALVAGE　PACKAGE（补救包装）"字样。

⑨对于第 1 类爆炸品，除显示每一包装件的净重外还需标注包装件内爆炸物质的净质量（NET EXPLOSIVE MASS），其缩写"NEQ""NEM""NEW"都可使用。

⑩当使用合成包装件时，"Overpack Used（使用合成包装件）"字样必须填入申报单并紧随合成包装件内有关包装件项目之后。

⑪当货物包含多件 OVERPACK 时，每件 OVERPACK 必须标有一

个识别号，且必须标有 OVERPACK 内危险品的总含量和单位，如适用还须标有毛重字母"G"。以上信息还必须显示在 DGD 上。DGD 上的总含量信息必须与 OVERPACK 上一致。

⑫多个合成包装件中的包装件完全相同时，应列出"Oveipack Used（使用合成包装件）×（相同合成包装件的件数）"。多个合成包装件中的包装件不相同时，应将它们分别列出。

（11）Packing instruction：包装说明。填写包装说明的编号或限量包装说明的编号（带前缀"Y"）（G 栏，I 栏和 K 栏）。

①当货物适用于客机运输时，应选择客机所对应的包装说明编号，且包装件上不得粘贴"仅限货机"标签。

②如货物适用于货机运输，则应填入货机包装说明编号，包装件上必须粘贴"仅限货机"标签；若填写客机包装说明编号，则不必粘贴"仅限货机"标签。然而，如果相同的包装说明编号和每一包装件的允许量同时适合客机、货机两种机型时，不得使用"仅限货机"标签。

（12）Authorizations：填写主管部门的批准或认可。

①如果涉及的特殊规定是 A1、A2、A5、A81、A88、A99 或 A130 时，填写有关特殊规定的编号。

②如物质是经政府批准按 A1、A2 运输时，批准或豁免证书应随附申报单。批准内容应包括：数量限制、包装要求、适用机型等其他相关信息。

③当危险品装在轻便罐中运输时，必须随附一份国家主管当局批准的文件。

④当危险品按规定装在按 IATA《危险品规则》5.0.6.7 批准的包装中运输时，必须随附一份国家主管当局批准的文件。

⑤当运输的爆炸性物质符合包装说明 101 并获得了有关国家当局的批准时，必须在托运人危险品申报单上用国际交通机动车辆国家识别符号标注所列的批准当局的名称。

标注方法如下："Packaging authorized by the competent authority of（包装已获国家主管当局批准）"。

⑥按要求批准运输的有机过氧化物和自身反应物质必须标注在申报单上。对于未列明的有机过氧化物和自身反应物质，关于分类批准和运输条

件的文件必须附在申报单后面。批准、许可和/或豁免文件必须随附申报单。如果文件未使用英文，还必须随附一份准确的英译文。

托运人应在声明"attached（随附）"前输入许可、批准或豁免的证书号或识别号，并且这些文件必须随附托运的货物一起运输。

（13）Additional Handling Information（其他操作说明）：填写任何其他有关的特殊操作说明。

①对在 IATA《危险品规则》4.2 危险品品名表 M 栏中注有 A20 特殊规定的 4.1 项自身反应物质或 具有相同性质的其他物质，以及 5.2 项有机过氧化物，托运人必须指明含有这些物质的包装件不得被阳光直射，远离热源，并码放在通风良好的地方。

②当运输自身反应物质或有机过氧化物的样品时，必须在"Additional Handling Information（其他操作说明）"栏中加以说明并指出这是需要经批准的有机过氧化物样品。

③安装在呼吸保护装置（PBE）中的化学氧气发生器如按照特殊规定 A144 进行运输时，"Air Crew Protective Breathing Equipment（smoke hood）in accordance with Special Provision A144［符合特殊规定 A144 的机组呼吸保护装置（防烟面罩）］"的声明必须写在托运人危险品申报单上的"其他操作说明"栏中。

④对于 A 类的感染性物质（UN2814 和 UN2900）和国家法律与国际公约禁止在"n.o.s."运输专用名称后标示技术名称的物质，必须在托运人危险品申报单上填入责任人的姓名和电话号码。

（14）保证声明。

①申报单中含有证明或声明，保证货物按照 IATA《危险品规则》及其他空运规定进行准备，而且符合收运条件，声明文字如下：

"I hereby declare that the contents of this consignment are fully and accurately described above by the proper shipping name, and are classified, packaged, marked and labelled/placarded, and are in all respects in proper condition for transport according to applicable international and national governmental regulations.（我在此声明，以上填写的本批货物的运输专用名称完整无误，其分类、包装、标记及标签/标牌已经完成，且各方面均符合

相关的国际和国家政府规定，可予以交运。)"

②空运时还需要作以下补充声明：

"I declare that all of the applicable air transport requirements have been met. （我声明，符合所有适用的空运要求。)"

（15）Name/Title of Signatory：填写签署人的姓名和职务，既可打印，也可盖章。

注：签署人的职务或其就职的部门名称都可以。

（16）Place and Date：填写签字的地点和日期。

（17）Signature：签字，只可手写或盖章。

四、申报单实样

申报单实样如图 7－1 所示。

民航危险品运输概论

SHIPPER'S DECLARATION FOR DANGEROUS GOODS

Shipper	Air Waybill No. 800 1234 5686
ABC Company 1000 High Street Youngville, Ontario Canada	Page 1 of 1 Pages Shipper's Reference Number (optional)
Consignee CBA Lte 50 Rue de la Paix Paris 75 006 France	For optional use for Company logo name and address
Two completed and signed copies of this Declaration must be handed to the operator.	WARNING

TRANSPORT DETAILS

This shipment is within the limitations prescribed for: (delete non-applicable)

~~PASSENGER AND CARGO AIRCRAFT~~ | CARGO AIRCRAFT ONLY

Airport of Departure: Youngville

Failure to comply in all respects with the applicable Dangerous Goods Regulations may be in breach of the applicable law, subject to legal penalties.

Airport of Destination: Paris, Charles de Gaulle

Shipment type: (delete non-applicable) NON-RADIOACTIVE | ~~RADIOACTIVE~~

NATURE AND QUANTITY OF DANGEROUS GOODS

UN or ID No.	Proper Shipping Name	Class or Division (Subsidiary Risk)	Packing Group	Quantity and type of packing	Packing Inst.	Authorization
UN1816	Propyltrichlorosilane	8 (3)	II	3 Plastic Drums x 30 L	876	
UN3226	Self-reactive solid type D (Benzenesulphonyl hydrazide)	Div. 4.1		1 Fibreboard box x 10 kg	459	
UN1263	Paint	3	II	2 Fibreboard boxes x 4 L	364	
UN1263	Paints	3	III	1 Fibreboard box x 30 L	366	
UN3166	Vehicle, flammable liquid powered	9		1 automobile 1350 kg G	950	
UN3316	Chemical kits	9	II	1 Fibreboard box x 3 kg	960	
UN2794	Batteries, wet, filled with acid	8		1 Wooden box 50 kg G	870	

Additional Handling Information

The package containing UN3226 must be protected from direct sunlight, and all sources of heat and be placed in adequately ventilated areas.
24-hour Number: +1 905 123 4567

I hereby declare that the contents of this consignment are fully and accurately described above by the proper shipping name, and are classified, packaged, marked and labelled/placarded, and are in all respects in proper condition for transport according to applicable international and national governmental regulations. I declare that all of the applicable air transport requirements have been met.

Name/Title of Signatory
B.Smith, Dispatch Supervisor
Place and Date
Youngville   1 January 2011
Signature (see warning above)
B.Smith

图 7-1　申报单实样

第八章　危险品的运输操作

第一节　危险品的收运

危险品的收运工作应严格遵守运输过程中有关国家适用的法律、政府规定、命令或要求以及有关运营人的规定。

一、危险品收运的限制

运营人不得从托运人方接收装有危险品的集装器或货物集装箱，但下列物品除外：

（1）装有放射性物品的货物集装箱。

（2）按包装说明 Y963 而准备的装有日用消费品的集装器或其他种类货盘。

（3）装有用作非危险品冷冻剂的根据包装说明 954 准备的固体二氧化碳（干冰）的集装器或其他类型的货物托盘。

（4）经运营人预先批准的装有磁性物质的集装器或其他种类货盘。

接收危险品进行航空运输应满足下列条件：

（1）须随货附两份《托运人危险品申报单》。

（2）货物必须经收运工作人员按照《危险品收运检查单》检查并签字，确定《托运人危险品申报单》填写正确，包装上已有正确的标记与标签，而且无渗漏或其他破损的迹象。合成包装件内不得含有"Cargo

Aircraft Only"标签的包装件，但以下条件除外：

①合成包装件内只有一个包装件；

②如合成包装件内有一个以上包装件，在组装时应使这些包装件尽可能显而易见和易于接近；

③在国际航协《危险品规则》第九章规定中不要求易于接近的包装件。

除非所有可以说明合成包装件内所有危险品的标记和标签都明显可见，否则"OVERPACK"（合成包装件）、运输专用名称、UN 或 ID 编号和"LIMITED QUANTITY"（限量）的字样、每件危险品的详细操作说明、国际航协《危险品规则》7.1.5 要求使用的其他包装标记以及 7.2 要求使用的标签都必须显示在合成包装件的外表面上，这些标记和标签都必须重新标注和粘贴在合成包装件的外面。

包装规格标记不需要重新标注在合成包装件上面。"合成包装件"标记足以说明合成包装件内装有的包装件符合规定的规格。

装有放射性物质的货物集装箱，运营人必须确保在集装箱的四边都正确贴有标签。

二、托运人责任

（1）托运人应当确保所有办理托运手续和签署危险品运输文件的人已按《中国民用航空危险品安全运输管理规定》的要求接受相关危险品知识培训。

（2）托运人必须遵守货物始发站、过境站和目的站国家适用的法律、政府规定、命令或要求。托运人还必须依据国际航协《危险品规则》和危险品运输手册的有关规定托运危险品。

（3）托运人必须保证所托运的货物不属于禁止航空运输的物品或物质。

托运人将危险品的包装件或合成包装件提交航空运输前，必须保证对所托运的危险品正确地进行分类、包装、加标记、贴标签、提交正确填制并签字的危险品运输文件。禁止托运人以非危险品品名托运危险品。

托运人托运国家法律、法规限制运输的危险品，应当提供相应主管部门的有关有效证明。

三、收运危险品的一般要求

货物收运人员必须依照《中国民用航空危险品安全运输管理规定》、国际航协《危险品规则》及国际民航组织《危险品航空安全运输技术细则》的规定接受初始培训和定期复训。

危险品收运的人员必须检查托运人所有办理托运手续和签署危险品运输文件的人已按 CCAR-276 或国际航协《危险品规则》的要求接受了相关危险品运输训练，并在托运时出示训练合格的证明。收运人员必须要求托运人完成危险品申报单的填写，并签字盖章。

防止普货中隐含的危险品的措施如下：

（1）负责货物收运的人员应进行适当的培训，以帮助他们确认和审查作为普通货物交付的危险品。

（2）适当时应查验他们的物品，对于可能隐含危险品的货物，收运人员必须要求托运人提供有关资料（如 MSDS）或出具相应的鉴定证明（出具鉴定证明的机构必须是航空公司指定的专业鉴定机构），以证实托运的物品不是危险品或不含危险品，并在货运单上注明其包装内物品不具危险性。

无论在何种情况下，运营人均保留请专业人士或部门对货物进行最后判定的权利。如果收运人员认为托运人提供的资料不足以说明货物的性质，有权要求托运人到运营人指定的鉴定机构对其所托运的货物进行检测。

对于危险品使用的 UN 规格包装，收运人员必须根据国际航协《危险品规则》第 6、7 章中的规定，检查该包装是否符合危险品运输要求。对于从中国始发危险品的 UN 规格包装，公司只认可中华人民共和国出入境检验检疫《出境危险货物运输包装使用鉴定结果单》和《出境货物运输包装性能检验结果单》，特殊批准的除外。

收运人员必须依照当年有效的危险品收运检查单逐项进行检查，不符合要求的应拒绝收运。只有经过检查，对于完全符合规定且完全具备收运条件的危险品方可收运。

收运人员必须要求托运人完成危险品申报单的填写，并签字盖章。

四、收运危险品的特殊要求

1. 感染性物质的收运

收运感染性物质必须严格按照国际航协《危险品规则》的相关要求办理。在运输每批感染性物质前，托运人必须向负责公司危险品收运的人员证实该感染性物质可合法运输且收货人已经做好提取货物的一切准备工作。托运人还应与公司收货人员事先安排好运输细节，并将24h专人联系电话写在货运单和货物外包装件上。

必须保证提供安全快捷的运输，如果发现在标签或文件方面的错误，应马上通知托运人或收货人以便采取更改措施。

托运人应预定好航班、日期、吨位，选择尽早航班。如果货物必须转运，必须采取预防措施，确保对载运的物质进行特别管理、快速操作及监控，并且应事先通知中转站，经中转站同意后方可中转。如果航班已经确认，配载人员须拍发装载电报通知目的地站和中转站有关危险品的装载情况，同时在货运单上注明货物出港的航班、日期、目的地站以及经停站。当需要有转运时，运营人必须采取相应预防措施，保证在运输过程中对此类货物特别照管、快速作业和及时处理，使货物按期到达目的站。

受感染的或被怀疑含有感染性物质的活动物不允许运输。

2. 自身反应物质和有机过氧化物的收运

在运输过程中，装有自身反应物质和有机过氧化物的包装件或集装器必须避免阳光直射，远离热源，通风良好，不能与其他货物堆放在一起。这一说明必须在托运人申报单中列明。

托运人应预定好航班、日期、吨位，选择尽早航班。如果货物必须中转运输，运营人必须事先通知中转站，经中转站同意后方可中转，以保证货物的快捷运输。

当国家有关当局批准运输一种新的自身反应物质的新配方或某种有机过氧化物新配方时，必须在"Additional Handling Information（其他操作说明）"栏中加以说明并指出这是样品，并满足国际航协《危险品规则》3.4.1.2.5 或 3.5.2.6 中对有机过氧化物和自身反应物质作为样品运输的要求。

3. 机动车辆运输

使用液化石油气驱动的车辆，仅限于货机运输。装机前盛装液化石油气的高压容器、管路、管路控制器内的气体必须完全放空。

使用汽油驱动的车辆，油箱应尽量放空，剩余燃料不得超过油箱容积的 1/4。

使用柴油驱动的车辆，油箱不需要放空，但油箱内必须留有充分的空间以防止柴油膨胀造成泄漏。

收运人员必须仔细检查车辆，确保没有燃料和机油漏出，油盖箱和水箱盖要拧紧。

机油和水不需要放干，轮胎不需要放气。

汽车电瓶可以不卸掉，也无须切断电源，但必须将电瓶牢牢固定住，始终保持直立方向，并使其不与其他部件相接触，以防止短路。

如果是溢漏型电池组，在运输中不能保持直立，必须拆下，按照国际航协《危险品规则》中适用的包装说明 433 或 800 进行包装。

机动车辆运输所需要的含有危险品的设备，如灭火器、充气筒、安全装置等，必须在机动车上安装牢固。如果机动车辆上装有"危险品品名表"中所限定为仅限货机运输的危险品时，该机动车应装载于货机航班上。

如果机动车辆是以拆卸的状态运输，那么所有断开的油路必须全部密封。

第二节　危险品的存储

危险品存储应严格遵守 CCAR-276 部的规章及运输过程中有关国家适用的法律、法规、政府规定命令或要求以及有关运营人的规定。

一、危险品仓库设施

（1）危险品仓库必须设置安全、充足的照明设备和足够、有效的消防

设施，以备在发生意外时能及时采取应急措施。

（2）危险品仓库应通风良好，无阳光直射，远离各种热源，夏季温度不宜高。

（3）仓库内的输配电线、灯具、火灾事故照明和疏散指示标志，都应符合要求。

（4）每一分库房必须有相应通风设施，如换气扇等，以便有效地消除仓库内因储存大量的危险品而散发出的化学物品气味。

（5）用于存储第7类放射性物质的仓库，其墙壁及仓库大门必须坚固，并在一定程度上具有降低放射性物质辐射水平的功能。

（6）危险品仓库应配备防护服和防护面罩及其他防护必需品，以便在发生危险品泄漏及危险品事故时，能够及时从容地采取应急措施。防护面罩主要包括过滤式防毒面具和隔绝式氧气或空气面具等。

（7）危险品仓库应配备个人防护用品，个人经常使用的防护用品主要包括工作服、工作帽、鞋靴、胶皮手套、口罩等。

（8）危险品仓库必须保证水源及一定数量的沙土，以便在发生非正常情况时，能够及时采取措施。

（9）危险品仓库内还应配备必要的报警装置。

（10）仓库及其附近区域严禁使用明火，严禁吸烟。特别是储存易燃、易爆品的仓库绝不允许在仓库内用火，并必须接装避雷设备。

（11）普通货仓库内危险品储存的指定区域也应具备上述设施。

二、危险品仓库管理

（1）危险品仓库工作人员必须进行培训，并经过危险品仓库工作人员上岗考试合格后持证上岗。危险品仓库工作人员还必须接受防火与灭火的专门训练，并熟悉各类危险品的性质及其事故的处理方法。

（2）危险品的包装件应在专门设计的危险品仓库中分类别存放。危险品仓库的管理部门必须制定完备、有效的规定和措施，切实做好仓库的防火、防盗、防鼠、防水、防晒、防冻等工作。

（3）危险品仓库严禁吸烟和使用明火，特别是储存易燃、易爆品的仓库绝不允许在仓库内用火，并必须接装避雷设备。

（4）未经批准的任何人员不得进入危险品仓库。特殊情况下，需要货物托运人、收货人或其代理人进入仓库时，必须有运营人的工作人员陪同进入。有关人员离开库区时应及时上锁。

（5）危险品仓库内外明显位置应明示应急电话号码。

（6）危险品入库和出库时，应核对货物的货运单号码，清点货物的件数，检查货物的包装。

（7）危险品仓库应保持整洁、干燥、卫生。

（8）破损、泄漏、有异味的危险品不应存放冷库。

（9）对于不正常运输的危险品，应定期与查询部门联系其处理情况，避免危险品长期积压。

（10）危险品仓库应定期清仓。

（11）正常中转运输的危险品，如果滞留危险品仓库达 3 天以上，则应及时与吨位控制部门联系，通知货物滞留情况，以尽早安排运输。

（12）对于收运的危险品，如果由于托运人或其代理人原因造成货物滞留危险品仓库，应收取一定金额的仓库保管费用。

三、危险品的存储

（1）危险品在危险品仓库中的存储，按照其危险性不同的类别、项别分别放置在不同的仓库中或不同的区域内。

（2）危险品如需在普通货物仓库中存储，则必须存放在指定区域以便集中管理，这一区域必须设有明显标志，必须有明显的隔离设施。

（3）性质相抵触的危险品包装件在仓库的存放，必须符合 9.3.A 表隔离包装件的隔离原则。包装件在任何时候不得相互接触或相邻放置。在仓库中存储时应有 2m 以上的间隔距离。

（4）操作人员必须依照轻拿轻放原则和请勿倒置原则搬运和存放危险品包装件。

（5）危险品标志应处于易见位置，桶不得卧堆，桶口朝上或按标签指示方向放置。

（6）危险品入库时，应根据其不同的类别、项别或配装组分别存放。例如，第 1 类爆炸品应按照不同的项别和配装组分别存放。危险品操作中

要防止撞击、震动、摩擦、翻滚，做到小心轻放，轻装轻卸。

（7）入库的货物应按照小心轻放、箭头向上、标记和标签朝上的要求存放，遵循大不压小、重不压轻、木箱或铁箱不压纸箱的原则。一般情况下，货物存放高度不宜超过同类货物 4 层或 3 米的高度。

（8）危险品入库时，如果货运单或货物包装时有要求冷藏或冷冻存储和特殊要求的，应根据其不同的危险性采取不同的处理方式。

（9）如没有专门的危险品冷库，需要冷冻的危险品必须存放在容易管理的指定区域内。

四、特殊要求的危险品存放

1. 压缩气体钢瓶

压缩气体钢瓶可以直立放在瓶架上，也可以放在干燥的地面上，但不可倒置。气体钢瓶在平放时，必须用三角木卡牢，以免滚动。多个钢瓶存放时，钢瓶的首位朝向要一致，并应避免将瓶口指向人多的地方。库房温度高于 35℃时，应采取降温措施。

2. 深冷液化气体

（1）液氮罐必须保持直立、箭头向上。

（2）液氮罐数量较多时，如果放置于密封空间内，应注意通风以防窒息。

3. 自反应物质与有机过氧化物

自反应物质与有机过氧化物的包装件，必须避免阳光直射，应放在远离任何热源且通风良好的地方。

4. 放射性物质

Ⅱ级-黄色和Ⅲ级-黄色的放射性物质包装件、合成包装件及放射性专用箱，无论在什么地方摆放，每一堆货物的总运输指数不得超过 50。任意两堆货物之间的距离至少保持 6m。

人员接触的辐射限量如下：

（1）放射性物质必须与工作人员和公众有足够的隔离。必须使用以下剂量值来计算隔离距离或辐射等级：

①工作人员常规工作区域的剂量为每年 5mSv；

②公众经常活动区域的剂量为每年 1mSv。

（2）所有存储有关人员必须得到其所面临的危险及应遵守的预防措施之类的必要指导。

（3）为了保证尽可能降低放射性辐射的原则，Ⅱ级－黄色和Ⅲ级－黄色包装件、OVERPACK 或容器临时存储时应当与人员隔离。最小隔离距离应当符合 9.3.A 表和 9.3.B 表，如条件允许则应保持更远的隔离距离。无论这些放射性物质储存多久，这些距离都是从包装件、OVERPACK 或容器的表面开始计算。

（4）在收运、操作过程中应尽可能降低放射性辐射。

五、仓库管理人员的注意事项

（1）不准无关人员靠近危险品包装件。

（2）仓库及附近区域严禁使用明火，禁止吸烟。

（3）经常查看危险品包装件，及时发现问题。

（4）牵引车、叉车不准在危险品旁边停靠。

（5）重视托运人或收货人提出的关于危险品的特殊存储要求。

（6）对于未按时运出、中转或提取的危险品，应及时处理，不得在库内长期存放。

（7）做好日常防火、消防设备的养护和检查。熟练使用消防设备，并熟悉各类危险品性质及其事故的处理办法。

第三节　危险品的装载

危险品在运输装载过程中应严格遵守国际航协《危险品规则》的装载原则。除国际航协《危险品规则》允许的和放射性物质例外包装件外，危险品不准带入飞机客舱或驾驶舱。另外，只有客机的主货舱符合 B 级或 C 级货舱的所有适航标准，才可以将危险品装入该舱。贴有仅限货机标签的危险品不得装在客机上。

一、装载原则

1. 预先检查原则

危险品在装机之前，必须进行认真检查，包装件在完全符合要求的情况下，才可以继续进行作业。检查包括以下内容：

（1）装有危险品的包装件、合成包装件和装有放射性物质的专用货箱在装上航空器或装入集装器之前，应当检查是否有泄漏和破损的迹象。泄漏和破损的包装件、合成包装件的专用货箱不得装上航空器。

（2）集装器未经检查并经证实其内装危险品无泄漏或无破损迹象之前不得装上航空器。

（3）装上航空器的危险品的任何包装件如出现破损或泄漏，应将此包装件从航空器卸下，在此之后应当保证该交运货物的其余部分良好并符合航空运输，并保证其他包装件未受污染。

（4）装有危险品的包装件、合成包装件和装有放射性物质的专用货箱在卸下航空器或集装器时，应当检查是否有破损或泄漏的迹象。如发现破损或泄漏的迹象，则应当对航空器或集装器装载危险品的部位进行破损或污染的检查。

（5）包装件上的危险性标签和操作标签应准确无误、粘贴牢固；如出现标签未贴或贴错现象，应立即停止装载并反馈给收货部门。

（6）包装件上的文字标记〔包括运输专用名称、UN 或 ID 编号、包装件内危险品的净重或毛重（如适用）、托运人和收货人的姓名及地址〕应书写正确，字迹清楚，如有遗漏，应立即停止装载并通知收货部门。

2. 方向性原则

装有液体危险性物品的包装件均按要求贴上危险品的向上标签（需要时还应注明"THIS SIDE UP"）。操作人员在搬运、装卸、装集装板或集装箱以及装机的全过程中，必须按该标签的指向使包装件始终保持直立向上。

3. 轻拿轻放原则

在搬运或装卸危险品包装件时，无论是采用人工操作还是机械操作，都必须轻拿轻放，切忌砸、摔、碰、撞。

4. 固定货物，防止滑动原则

危险品包装件装入飞机后，为防止损坏，装卸人员应将它们在货舱内固定住，以免危险品在飞机飞行中滑动或倾倒。

危险品包装件的装载应该符合如下要求：

（1）体积小的包装件不会通过网孔从集装板上掉下；

（2）散装的包装件不会在货舱内移动；

（3）桶状包装件，难以用尼龙带捆绑或固定时，要用其他货物卡紧；

（4）用其他货物卡住散装的包装件时，必须从五个方向（前后左右上）卡紧；

（5）如果集装箱内的货物未装满（即使用的容积未超过总容积的三分之二）应将货物固定。

5. 可接近性原则

可接近性原则仅适用于仅限货机危险品的装载，是指危险品的包装件和合成包装件必须放在机组人员眼看得见、手摸得到的地方（图8-1）。如果大小和重量允许，将该包装件和合成包装件与其他货物分开。相关的危险性标签和仅限货机操作标签必须明示。

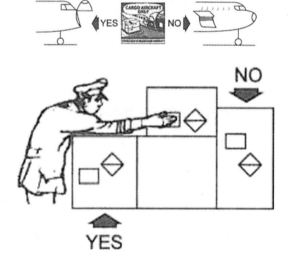

图8-1 仅限货机危险品装载的可接近性原则

以下类别的危险品不受可接近原则的包装限制：

（1）第 3 类易燃液体，Ⅲ级包装，无次要危险性；

（2）第 6 类毒性和感染性物质；

（3）第 7 类放射性物质；

（4）第 9 类杂项类。

仅限货机的包装件只能装在集装板上，不准装入集装箱内。为了使包装件保持可接近性，集装板上的货物不得用整块塑料布完全遮盖。在地面运输中为防雨而使用的塑料布，在装机时必须去掉。

仅限货机的包装件在装板时应符合如下要求：

（1）必须装在集装板的靠外一侧，并且标签朝外，可以看到；

（2）危险品集装器挂牌和包装件上的标签必须都位于集装板的同一侧；

（3）集装板装入飞机后，上述侧面应靠近货舱内的走道。

仅限货机的货物装载高板上的一侧，以保证可接近性原则。

二、装载要求

（1）当危险品按照要求装入航空器时，装载人员必须保证该危险品的包装件不得破损，且必须特别注意在运输准备过程中包装件的操作和装机方式，以避免由于拖、拉或不正确的操作产生事故性破坏。

（2）如果发现破损或泄漏的迹象，则必须检查飞机上堆放过该危险品或集装设备的位置是否有损坏或被污染的迹象，如果有危险品的污染，必须立即清除。

（3）当装载人员发现标签丢失、损坏或字迹模糊时，必须通知有关部门更换标签。

（4）如果负责运输或开启含有污染性物质包装件的任何人员发现该包装件上有破损或泄漏的迹象，上述有关人员必须：

①避免接触或尽可能少地接触该包装件；

②立即通知专业人员，由专业人员检查相邻的包装件的污染情况，将可能污染的包装件分开放置；

③立即通知有关部门，向该货物经过的其他国家提供有关接触该包装件的人员可能受到的伤害和信息；

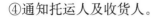

④通知托运人及收货人。

三、不相容危险品的装载和隔离

有些不同类别的危险品，互相接触时可能发生危险性很大的化学反应，称为性质抵触的危险品。为了避免这样的危险品在包装件偶然漏损时发生危险的化学反应，必须在储存和装载时对它们进行隔离。

性质相抵触的危险品见表 8−1（《危险品规则》表 9.3.A）。

表 8−1　性质相抵触的危险品

Hazard Label	1excluding.1.4S	1.4S	2	3	4.2	4.3	5.1	5.2	8
1 excluding 1.4S			×	×	×	×	×	×	×
1.4S									
2	×								
3	×						×	—	—
4.2	×	—					×		
4.3	×								×
5.1	×			×	×				
5.2	×								
8	×	—	—	—	—	×	—	—	

爆炸品与爆炸品能否放在一起主要看配装组，配装组相同则可以放在一起，配装组不同就不能放在一起（具体查看《危险品规则》9.3.2.2）。

1.4S 配装组的爆炸品可以和能够空运的其他爆炸品放在一起（具体查看《危险品规则》9.3.2.2.3）。

判断性质抵触的危险品时，主要危险性与次要危险性都要考虑。横行与纵行交叉点为"×"，表示所对应的两种危险品的性质相互抵触；横行与纵行交叉点无"×"，表示所对应的两种危险品可以码放在一起。

4.1 项和第 6、7、9 类危险品无须与其他危险品进行隔离。

性质抵触的危险品包装件在任何时候不得相互接触或相邻放置。在运输与储存时应满足以下要求：

在仓库中储存时，应有 2m 以上的间隔距离。

装在集板上或散舱时,可采用如下方法中的任何一种:

①将性质抵触的危险品分别用尼龙带固定在集装板或飞机货舱地板上,两者的间距至少1m(图8-2)。

②用普通货物的包装件将性质抵触的两个危险品隔开,两者的间距至少0.5m(图8-3)。

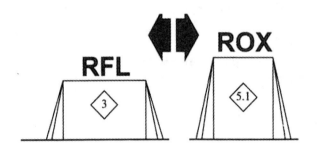

图8-2 性质抵触的危险品包装件在装机时的隔离方法之一

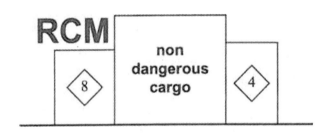

图8-3 性质抵触的危险品包装件在装机时的隔离方法之二

四、危险品和其他特种货物的隔离

一些危险品与一些非危险品也不相容,对于这些物品的装载预防措施如表8-2所示。

表8-2 危险品和其他特种货物的隔离

类别货物	毒性和感染性物质	Ⅱ级和Ⅲ级放射性物质	干冰和低温液体
危险品类别号	6		9/2.2
活体动物	×		
孵化蛋			

续表

类别货物	毒性和感染性物质	Ⅱ级和Ⅲ级放射性物质	干冰和低温液体
未冲洗底片			
食品或其他可食用物质（鱼、海鲜、肉）	×		

注：×表示包装件一定不能装载在同一舱（国际航协《危险品规则》9.3.15）；
表示用非危险品隔离（国际航协《危险品规则》9.3.12/13）；表示按照国际航协《危险品规则》9.3.15.2（活体动物）及国际航协《危险品规则》9.3.10.8（未冲洗底片）的规定有最小的隔离距离要求。

五、第 6 类危险品与其他物品的隔离

第 6 类危险品（毒性或 A 类感染性物质）和需要粘贴次要危险品为"毒性"（Toxic）标签的物质不得与以下物品放在同货舱内：动物、食品、饲料以及其他供人类或动物所消费的可食用物质。以下情况除外：

（1）危险品装在一个封闭的集装器内，而食品与动物装在另一个封闭的集装器内；

（2）使用封闭集装器时，内装危险品与内装食品、动物的集装器没有相邻放置。

六、固体二氧化碳（干冰）的装载

干冰在运输时应根据机型、飞机通风率、包装与堆放方式，以及装载要求等因素做好合理安排。

干冰对于活体动物存在两种危险性，一是放出二氧化碳气体。二氧化碳气体密度比空气大，而且会取代空气中的氧气，空气中二氧化碳的含量若大于 2.5%，就会影响人和动物的正常生理功能。二是降低周围温度，使动物处于低温环境。

飞机正在装载或已装载干冰时，必须通知地面操作人员。飞机在经停站着陆时，都应打开舱门，以利空气流通，从而降低货舱内的二氧化碳浓度。如果需要装卸货物，必须待货舱内空气充分流通后，工作人员才可进入货舱进行装卸工作。

机组和旅客交运行李中含有干冰的，必须在包装上标明内含干冰并标注干冰的体积重量或标明干冰含量不超过 2.5kg，可使用如下的粘签或直接在包装上标注如下（图 8-4）。

图 8-4　粘签：干冰含量不超过 2.5kg

对于 UN1845 干冰，在《特种货物机长通知单》上只需反映 UN 编号和专用运输名称、类别，每个舱内总重量以及这些包装件的卸机站。

七、自身反应物质和有机过氧化物的装载

在整个装载过程中，含有自身反应物质或有机过氧化物的包装件或集装器，应避免阳光直射，远离热源，且通风良好，切勿与其他货物码垛在一起。

八、磁性物质的装载

运营人对磁性物质的收运有专门的《磁性类物质航空运输管理规定》，其关于装载的规定主要有以下几点：

（1）经检测机构检测，距包装件外表任意一点 2.1m（7ft）处测得磁场强度小于 0.159A/M（0.002 高斯），或罗盘磁针无明显偏转（低于 0.5°）的磁性类物质，运输时不受限制。

（2）经检测机构检测，距包装件表面任何一点 2.1m（7ft）处测得磁场强度大于 0.159A/M（0.002 高斯），或距包装件外表任意一点 4.6m（15ft）处测得磁场强度不超过 0.418A/M（0.00525 高斯）或罗盘磁针的偏转不超过 2°的磁性类物质，运输时按国际航协《危险品规则》规定的第 9 类危险品操作。

（3）经检测机构检测，距包装件外表面任意一点 4.6m（15ft）处测得磁场强度超过 0.418A/M（0.00525 高斯），或罗盘磁针的偏转超过 2°

的磁性类物质，公司不予接受。

九、放射性物质的装载

（1）Ⅰ级放射性物质，可以装在任何机型的货舱内，无数量限制，无特殊要求。

（2）Ⅱ级、Ⅲ级放射性物质的限制如下：

①每个放射性物质包装件的运输指数不得超过10；

②每架客机，非裂变放射性物质包装件的总运输指数不得超过50；

③每架货机，非裂变放射性物质包装件的总运输指数不得超过200；

④对于裂变放射性物质，客、货机上总临界安全指数不得超过50。

表 8-3　Ⅰ级放射性物质包装件与人员的隔离

总运输指数	最小距离/m	总运输指数	最小距离/m
0.1～1.0	0.30	13.1～14.0	2.05
1.1～2.0	0.50	14.1～15.0	2.15
2.1～3.0	0.70	15.1～16.0	2.25
3.1～4.0	0.85	16.1～17.0	2.35
4.1～5.0	1.00	17.1～18.0	2.45
5.1～6.0	1.15	18.1～20.0	2.60
6.1～7.0	1.30	20.1～25.0	2.90
7.1～8.0	1.45	25.1～30.0	3.20
8.1～9.0	1.55	30.1～35.0	3.50
9.1～10.0	1.65	35.1～40.0	3.75
10.1～11.0	1.75	40.1～45.0	4.00
11.1～12.0	1.85	45.1～50.0	4.25
12.1～13.0	1.95		

表8-4 Ⅱ级、Ⅲ级放射性包装件与人员的隔离（货机）

总运输指数	最小距离/m	总运输指数	最小距离/m
50.1~60.0	4.65	180.1~190.0	8.55
60.1~70.0	5.05	190.1~200.0	8.75
70.1~80.0	5.45	200.1~210.0	9.00
80.1~90.0	5.80	210.1~220.0	9.20
90.1~100.0	6.10	220.1~230.0	9.40
100.1~110.0	6.45	230.1~240.0	9.65
110.1~120.0	6.70	240.1~250.0	9.85
120.1~130.0	7.00	250.1~260.0	10.05
130.1~140.0	7.30	260.1~270.0	10.25
140.1~150.0	7.55	270.1~280.0	10.40
150.1~160.0	7.80	280.1~290.0	10.60
160.1~170.0	8.05	290.1~300.0	10.80
170.1~180.0	8.30		

间隔距离的大小依放射性物质包装件的总运输指数而定，不考虑飞行时间。在位于客舱下面的货舱内，放射性物质包装件最好直接固定在地板上或集装板上。

（3）放射性物质与摄影底片的隔离如下：

①未显影的摄影底片被射线照射后将会完全报废。Ⅱ级－黄色和Ⅲ级－黄色放射性物质包装件与未冲洗的摄影胶卷或胶片的最小间隔距离如表8-5所示。

表8-5 放射性物质与未冲洗胶片的最小隔离距离 单位：m

总运输指数	载运的持续时间					
	0~2h	2~4h	4~8h	8~12h	12~24h	24~48h
1	0.4	0.6	0.9	1.1	1.5	2.2
2	0.6	0.8	1.2	L5	2.2	3.1
3	0.7	1.0	1.5	1.8	2.6	3.8
4	0.8	1.2	1.7	2.2	3.1	4.4
5	0.9	1.3	1.9	2.4	3.4	4.8
10	1.4	2.0	2.8	3.5	4.9	6.9

续表

总运输指数	载运的持续时间					
	0～2h	2～4h	4～8h	8～12h	12～24h	24～48h
20	2.0	2.8	4.0	4.9	6.9	10.0
30	2.4	3.5	4.9	6.0	8.6	12.0
40	2.9	4.0	5.7	6.9	10.0	14.0
50	3.2	4.5	6.3	7.9	11.0	16.0

②间隔距离的大小与放射性物质包装件的总运输指数和摄影底片受照射时间有关。

（4）放射性物质与活体动物的隔离如下。

Ⅱ级－黄色和Ⅲ级－黄色包装件，合成包装件和/或货物集装箱必须与活体动物隔离装载：运输时间小于 24h，最小间隔距离为 0.5m；运输时间大于 24h，最小间隔距离为 1m。

十、作为交运行李的轮椅或其他电池驱动的代步工具的装载

（1）装载非密封型电池的轮椅或以电瓶驱动的代步工具，在装载、码放、固定和卸下时，轮椅或代步工具的方向始终朝上，电池处于断路，电极绝缘，电瓶牢固地安装在轮椅或代步工具上。

（2）若不能保证轮椅或代步工具的方向始终朝上，需将电瓶卸下，电瓶按危险品包装后运输。

（3）装载非密封型电池的轮椅或以电瓶驱动的代步工具需要运营人批准，并通知机长。

（4）粘贴危险品标签。

十一、仅限货机危险品的装载

（1）带有仅限货机标签的危险品，只能货机装载。

（2）在装载时，必须使仅限货机（粘贴有仅限货机标签）的危险品包装件具有可接近性。在必要的时候，只要包装件的大小和重量允许，应当将该包装件放置在机组人员可以用手随时将其搬开的位置。

第九章 危险品紧急事件/事故的处理程序

第一节 危险品事故和事件

一、危险品事件和事故的定义

1. 危险品事故

与危险品航空运输有关联，造成致命或严重人身伤害或财物损失的事故。

2. 危险品事件

不同于危险品事故，但与危险品航空运输有关联，不一定发生在航空器上，但造成人员受伤、财产损失、起火、破损、溢出、液体或放射性物质渗漏或包装未能保持完好的其他情况。任何与危险品运输有关并严重危及航空器或机上人员的事件也视为危险品事件。

二、未申报或误申报的危险品

当运营人在货物中发现任何危险品未申报或申报有误，必须及时向运营人所在国家的主管当局报告。当运营人在旅客行李中发现了国际航协《危险品规则》2.3中所列的不允许携带的危险品时，也必须及时向发生事故所在国的主管当局报告。

138

三、事故的调查

发生危险品事故后，由公司委派人员进行调查，调查过程中可邀请有关方面的专家参加。危险品事故的调查应包括以下内容：

（1）事故发现的日期、时间和地点。

（2）发生事故时所涉及的人员及其姓名。

（3）货运单号码、运输专用名称、UN 编号、分类、包装等级和件数等。

（4）托运人和收货人的姓名、地址和单位。

（5）危险品的运输文件和批准证书是否齐备，是否填写正确。

（6）事故中人员伤亡情况。

（7）造成经济损失的情况和估计价值。

（8）包装件的损坏情况和损害原因。

（9）包装的质量是否符合要求，包装的鉴定单位在鉴定过程中是否有差错。包装方法、标记和标贴是否正确，包装件的存储情况和搬运情况。

（10）事故发生的经过。

四、危险品事故和事件的报告

当发生危险品事故和事件时，必须将相关情况报告国家的有关部门。航空公司有义务向主管部门报告那些没有申报或错误申报的危险品，以防止类似情况的再次发生。

不管是否有危险品方面的操作，都必须要建立危险品的应急程序。这些应急程序是由政府、机场当局或其他部门共同制定的。

事故调查结束后必须以书面形式将结果报告主管部门和公司领导，报告中应分析事故发生的原因，并对该事件作出结论，同时需提出预防类似事故再次发生的建议措施。调查人员还应将调查报告、全部运输文件的副本或复印件以及现场照片各准备两份，一份交上级领导，另一份存档。

当调查确认事故的责任属于托运人或货运销售代理人时，托运人或货运销售代理人须赔偿事故造成的损失并承担相应的法律责任。如果事故属于不可抗力的原因，公司不承担赔偿责任。

五、各类危险品事件和事故的处理

1. 第1类 爆炸品

（1）进行爆炸品作业时，要进行无火花操作。在地面作业时，应轻装轻放，切勿震动、撞击，以防引起爆炸。机械工具应有防火装置。

收运后发现包装件有破损时，应当按以下要求处理：

①破损包装件不得装入飞机或集装箱。

②已经装入飞机或集装箱的破损包装件，必须卸下。

③检查同一批货物的其他包装件是否有相似的损伤。

④在破损包装件附近严禁烟火。

⑤将破损包装件及时转移到安全地点，并立即通知货运部门进行事故调查和处理。

⑥通知托运人或收货人。未经货运部门主管领导和技术主管部门同意，该包装件不得运输。

（2）发生火灾并可能危及爆炸品包装件的情况时，应当按以下要求处理：

①立即报火警，并说明现场存在爆炸品以及爆炸品的种类和数量。

②报火警时，说明现场所备有的消防器材。

③将爆炸品包装件抢运到安全距离之外。

（3）关于洒漏处理，应当按以下要求处理：

①这里所指的洒漏处理是对运输的某一环节而言，危险品的运送作业已经完成，而在运送作业环境，如货仓、车厢或仓库留有的危险品残余物的处理。

②对爆炸品的洒漏物，应及时用水润湿，撒以锯末或棉絮等松软物品，轻轻收集后并保持相当湿度，报请消防人员或公安部门处理。

（4）注意事项：

①对于1.4项的爆炸品包装件，除了含卤素灭火剂的灭火器之外，可以使用任何灭火器。对于在特殊情况下运输的1.1、1.2、1.3或1.5项爆炸品，应由政府主管部门预先制定可使用的灭火器的种类。

②属于1.4S配装组的爆炸品，发生事故时，其爆炸和喷射波及范围

很小，不会妨碍在附近采取消防或其他应急措施。

③对于1.4S配装组之外的1.4项爆炸品，外部明火难以引起其包装件内装物品的瞬时爆炸。

2.第2类　气体

（1）收运后发现包装损坏，或有气体溢漏迹象时，应当按以下要求处理：

①破损包装件不得装入飞机或集装器。

②已经装入飞机或集装器的破损包装件，必须卸下。

③检查同一批货物的其他包装件是否有相似的损坏情况。

④包装件有溢漏迹象时，人员应避免在附近吸入漏出气体。如果易燃气体或非易燃气体包装件在库房内或在室内发生溢漏，必须打开所有门窗，使空气充分流通，然后由专业人员将其移至室外。如果毒性气体包装件发生溢漏，应由戴防毒面具的专业人员处理。

⑤在易燃气体破损包装件附近，不准吸烟，严禁任何明火，不得开启任何电器开关，任何机动车辆不得靠近。

⑥通知货运主管部门进行事故调查和处理。

⑦通知托运人或收货人。未经货运部门主管领导和技术主管部门同意，该包装不得运输。

（2）发生火灾并可能危及易燃气体或毒性气体包装件的情况时，应当按以下要求处理：

①立即报火警，说明现场有易燃气体或毒性气体包装件存在。

②报火警时，说明现场所备有的消防器材。

③将气体包装件抢运到安全距离之外。

（3）注意事项：

①装有深冷液体的非压力包装件，如在开口处有少量的气体逸出，放出可见蒸气并在包装附近形成较低温度，属正常现象，不应看作事故。

②在漏气包装件附近因吸入气体而出现中毒症状的人员，应立即送往医疗部门急救。

3.第3类　易燃液体

（1）收运之后发现包装件漏损时，应当按以下要求处理：

①漏损包装件不得装入飞机和集装器。

②已经装入飞机或集装器的漏损包装件，必须卸下。

③检查同一批货物的其他包装件是否有相似的损坏情况。

④在漏损包装件附近不准吸烟，严禁任何明火，不得开启任何电器开关。

⑤如果易燃液体在库房内或机舱内漏出，应通知消防部门，并应清除掉漏出的易燃液体，机舱被清理干净之前，飞机不准起飞。

⑥将漏损包装件移至室外，通知货运部门主管领导和技术部门进行事故调查和处理。

⑦通知托运人或收货人。未经货运部门主管领导和技术部门同意，该包装件不得运输。

（2）发生火灾并可能危及易燃液体包装件的情况时，应当按以下要求处理：

①立即报火警，说明现场有易燃液体包装件存在，并应进一步具体说明其性质（包括易燃液体的 UN 或 ID 编号、运输专用名称、包装等级等）及数量。

②报火警时，说明现场所备有的消防器材。

③将易燃液体包装件抢运到安全距离之外。

（3）关于洒漏处理，应当按以下要求处理：

①在库房内或机舱内易燃液体漏出，应通知消防部门，并清除洒漏出的易燃液体。

②机舱在被清理干净之前，飞机不准起飞。

③易燃液体发生洒漏时，应及时以砂土覆盖或松软材料吸附后，集中至空旷安全地带处理。覆盖时特别要注意防止液体流入下水道、河道等地方，以防污染，更主要的是如果液体浮在下水道或河道的水面上，其火灾险情更严重。

④在销毁收集物时，应充分注意燃烧时所产生有毒气体对人体的危害，必要时应戴防毒面具。

（4）注意事项：

如果包装件本身或漏出的液体起火，所使用的灭火剂不得与该易燃液体的性质相抵触。在这种条件下，通常不用水灭火。应根据液体性质按照消防部门指示的方法灭火。

4. 第4类　易燃固体、自燃物质和遇水释放易燃气体的物质

（1）收运后发现包装件破损时，应当按以下要求处理：

①破损包装件不得装入飞机或集装器。

②已经装入飞机或集装器的破损包装件，必须卸下。

③检查同一批货物的其他包装件是否有相似的损坏情况。

④在破损包装件附近，不准吸烟，严禁任何明火。

⑤使任何热源远离自燃物品的包装件。

⑥对于遇水燃烧物品的破损包装件，避免与水接触，应该用防水帆布盖好。

⑦通知货运部门主管领导和技术部门进行事故调查和处理。

⑧通知托运人或收货人。未经货运部门主管领导和技术部门同意，该包装件不得运输。

（2）发生火灾并可能危及易燃固体、自燃物质和遇水释放易燃气体的物质包装件的情况时，应当按以下要求处理：

①立即报火警，说明现场有易燃固体、自燃物质和遇水释放易燃气体的物质包装件存在，并进一步具体说明性质（包括它的 UN 或 ID 编号、运输专用名称、包装等级等）及数量。

②报火警时，应说明现场所备的消防器材。

③将此类危险品包装件抢运到安全距离之外。

④关于散漏处理，易燃物品散漏量大的可以收集起来，另行包装，收集的残留物不得任意排放、抛弃，应作深埋处理。对与水反应的散漏物处理时不能用水，但清扫后的现场可以用大量的水冲洗。

（3）注意事项：

如果包装件自身起火，所使用的灭火剂不得与内装物品的性质相抵触。

对于 4.3 项遇水燃烧物品的包装件，不准用水灭火。应按照消防部门根据危险品性质指示的方法灭火。

5. 第 5 类　氧化性物质和有机过氧化物

（1）收运后发现包装件漏损时，应当按以下要求处理：

①漏损包装件不得装入飞机或集装器。

②已经装入飞机或集装器的漏损包装件，必须卸下。

③检查同一批货物的其他包装件是否有相似的损坏情况。

④在漏损包装件附近，不准吸烟，严禁任何明火。

⑤其他危险品（即使是包装完好的）与所有易燃的材料（如纸、硬纸板、碎布等）不准靠近漏损的包装件。

⑥使任何热源远离自燃物品的包装件。

⑦通知货运部门主管领导和技术部门进行事故调查和处理。

⑧通知托运人或收货人。未经货运部门主管领导和技术部门同意，该包装件不得运输。

（2）发生火灾并可能危及氧化性物质或有机过氧化物包装件的情况时，应当按以下要求处理：

①立即报火警，说明现场有氧化性物质或有机过氧化物包装件存在，并进一步具体说明性质及数量。

②报火警时，说明现场所备的消防器材。

③将氧化性物质或有机过氧化物包装件抢运到安全距离之外。

（3）关于散漏处理，应当按以下要求处理：

①对较大量的氧化性物质散漏，应轻轻扫起，另行灌装。这些从地上扫起重新包装的氧化剂，因接触过空气，为防止发生变化，应储存在适当地方，观察 24h 后，才能重新入库堆存，再另行处理。

②关于散漏的少量氧化性物质或残留物应清扫干净，进行深埋处理。

（4）注意事项：

有机过氧化物的包装件在靠近较强热源时，即使包装完好无损，里面的有机过氧化物的化学性质也会变得不稳定，随时都有爆炸的危险。当发生火灾时，应将这种包装件移至安全地方，必须由消防部门对其进行处理。

6. 第 6 类　有毒物质和感染性物质

（1）收运后发现有毒物质包装漏损，或有气味，或有轻微的渗漏时，应当按以下要求处理：

①漏损包装件不得装入飞机或集装器。

②已经装入飞机或集装器的漏损包装件，必须卸下。

③检查同一批货物的其他包装件是否有相似的损坏情况。

④现场人员避免皮肤接触漏损的包装件，避免吸入有毒蒸气。

⑤搬运漏损包装件的人员，必须戴上专用的橡胶手套，使用后扔掉；并且在搬运后5分钟内必须用流动的水把手洗净。

⑥如果毒害品的液体或粉末在库房内或机舱内漏出，应通知卫生检疫部门，尤其对被污染的库房、机舱及其他货物或行李进行消除污染。在消除机舱的污染之前，飞机不准起飞。

⑦将漏损的包装件单独存入小库房内，然后通知货运部门主管领导和技术主管部门进行事故调查和处理。

⑧通知托运人或收货人。未经货运部门主管领导和技术部门同意，漏损的包装件不得运输。

⑨对于毒性物质发生漏损事故时，如有意外沾染上毒性物质的人员，无论是否有中毒症状，均应立即送往医疗部门进行检查和治疗。为了有助于检查和治疗，应向医生说明毒性物质的运输专用名称。在紧急情况下，必须及时通知最近的医疗急救部门，急救部门电话号码应长期写在库房、办公室和可能发生事故地点的明显之处，以备急用。

（2）收运后发现传染性物质包装件漏损或有轻微的渗漏，应当按以下要求处理：

①漏损包装件不得装入飞机或集装器。

②已经装入飞机或集装器的漏损包装件，必须卸下。

③检查同一批货物的其他包装件是否有相似的损坏情况。

④对漏损的包装件最好不要移动或尽可能少移动。在不得不移动的情况下，如从飞机上卸下，为减少传染的机会，只由一人进行搬运。

⑤搬运漏损包装件的人员，严禁皮肤直接接触，必须戴上专用的橡胶手套。手套在使用后用火烧毁。

⑥接触漏损包装件的人员，严禁皮肤直接接触，必须戴上专用的橡胶手套。手套在使用后用火烧毁。

⑦及时向环境保护部门和卫生防疫部门报告，并说明以下情况：危险品申报单上所述的有关包装件的情况；与漏损包装件接触过的全部人员名单；漏损包装件在运输过程中已经过的地点，即该包装件可能影响的范围。

⑧通知货运部门主管领导和技术主管部门进行事故调查和处理。

⑨严格按照环保部门和检疫部门的要求，消除对机舱、其他货物和行李及运输设备的污染，对接触过传染性物质包装件的人员进行身体检查，对这些人员的衣服进行处理，对该包装件进行处理。

⑩通知托运人和收运人。未经检疫部门的同意，该包装件不得运输。

（3）关于散漏处理，应当按以下要求处理：

①如果毒害品的液体或粉末在库房内或机舱内漏出，应通知卫生检疫部门，并由其对污染的库房机舱及其他货物或行李进行处理。在消除污染之前，飞机不准起飞。一般来说，对固体毒害品，通常扫集后装入其他容器中；液体货物应以砂土、锯末等松软材料浸润、吸附后扫集盛入容器中；对毒害品的散漏物不能任意乱丢或排放，以免扩大污染，甚至造成不可估量的危害。

②对于污染性物质撒洒漏物，应严格按照环保部门和检疫部门的要求，消除对机舱、其他货物和行李以及运输设备的污染，对接触过污染性物质包装件的人员进行身体检查，对这些人员的衣服及该包装件进行处理。

7. 第 7 类　放射性物质

（1）收运后，包装件无破损，无渗漏现象，且封闭完好，但经仪器测定，发现运输指数有变化，如果包装件的运输指数大于申报的 1.2 倍，应将其退回。

（2）收运后发现包装件破损，或有渗漏现象，或封闭不严时，应当按以下要求处理。

①该包装件不得装入飞机或集装器。

②已经装入飞机或集装器的破损包装件，必须卸下。搬运人员必须戴上手套作业，避免被放射性物质污染。

③检查同一批货物其他包装件是否有相似的损坏情况。

④将破损包装件卸下飞机之前，应该划出它在机舱中的位置，以便检查和消除污染。

⑤除了检查和搬运人员之外，任何人不得靠近破损包装件。

⑥检阅危险品申报单，按照"Additional Handling Information"栏中的文字说明，采取相应的具体措施。

⑦破损包装件应放入机场专门设计的放射性物质库房内。如果没有专用库房，应放在室外，距破损包装件至少在 25m 之内，禁止任何人员靠近，应该用绳子将这一区域拦起来并要做出表示危险的标记。

⑧通知环境保护部门和（或）辐射防护部门，由他们对货物飞机及环境的污染程度进行测量和做出判断。

⑨必须按照环保部门和（或）辐射防护部门提出的要求，消除对机舱、其他货物和行李以及运输设备的污染。在消除机舱污染之前，飞机不准起飞。

⑩通知货运部门主管领导和技术主管部门对事故进行调查。

⑪通知托运人或收货人。未经货运部门主管领导和技术货运部门同意，该包装件不得运输。

（3）注意事项：

①在测量完好包装件的运输指数或破损包装件及放射性污染程度时，应注意使用不同的仪器。

②根据国际民航组织和国际原子能机构的规定，飞机的任何可解除表面的辐射剂量当量率不得超过 5Sv/h，并且非固定放射性污染不得超过《危险品规则》9.4.A 表中的标准，否则飞机必须停止使用。

③受放射性污染影响的人员必须立即送往卫生医疗部门进行检查。

8. 第 8 类　腐蚀性物质

（1）收运后发现包装件漏损时，应当按以下要求处理：

①漏损包装件不得装入飞机或集装器。

②已经装入飞机或集装器的漏损包装件，必须卸下。

③检查同一批货物的其他包装件是否有相似的损坏情况。

④现场人员避免皮肤接触漏损的包装件，避免吸入有毒蒸气。

⑤搬运漏损包装件的人员，必须戴上专用的橡胶手套。

⑥如果腐蚀性物质漏洒到飞机的结构部分上，必须尽快对这一部分进行彻底清洗，从事清洗的人员应戴上手套，避免皮肤与腐蚀性物质接触。一旦发生这种事故应立刻通知飞机维修部门，说明腐蚀性物质的运输专用名称，以便及时做好彻底的清洗工作。

⑦其他危险品（即使是包装完好的）不准靠近该漏损包装件。

⑧通知货运部门主管领导和技术主管部门进行事故调查和处理。

⑨通知货运人或收货人。未经货运部门主管领导和技术主管部门同意，该包装件不得运输。

（2）关于散漏处理，应当按以下要求处理：

腐蚀性物质散漏时，应用干砂、干土覆盖吸收后再清扫干净，最后用水冲刷。当大量溢出或干砂、干土量不足以吸收时，可视货物的酸碱性，分别用稀碱、稀酸中和，中和时注意不要使反应太剧烈。用水冲刷时，不能直接喷射上去，而只能缓缓地浇洗，防止带腐蚀性水珠飞溅伤人。

（3）注意事项：

①发生漏洒事故后，如果清洗不彻底而飞机的结构部分上仍残留少量的腐蚀性物质，这很可能削弱飞机结构的强度，其后果是不堪设想的。因此，要通知飞机维修部门仔细检查飞机的结构部分，应该拆除地板或某些部件。

②为了彻底清洗，有必要使用化学中和剂。

9. 第9类 杂项危险品

收运后发现包装件破损时，应当按以下要求处理：

①破损包装件不得装入飞机或集装器。

②已经装入飞机或集装器的漏损包装件，必须卸下。

③检查同一批货物的其他包装件是否有相似的损坏情况。

④检查飞机是否有损坏情况。

⑤通知货运部门主管领导和技术主管部门进行事故调查和处理。

⑥通知货运人或收货人。未经货运部门主管领导和技术主管部门同意，该包装件不得运输。

第二节　空中事故的处理

一、空中发生意外时所需考虑的事项

在评估发生涉及危险品的事件（事故）的情况下所应采取的适当行动时，需要考虑下列因素。不论所涉及的航空器运载的是旅客、货物或客货，都应将这些因素考虑在内。

（1）始终应该考虑尽快着陆。如果情况允许，应该按照国际民航组织文件《危险物品安全航空运输技术细则》第七部分第四章所示通知有关的空中交通服务单位机上载有危险品。

《危险物品安全航空运输技术细则》第七部分第四章规定，机长在飞行中出现紧急情况时的报告：在飞行中出现紧急情况时，机长必须在情况允许的情况下尽快通过有关空中交通服务部门通知机场当局航空器上运载的任何危险品货物的情况。通知内容应包括运输专用名称和/或联合国编号、类别/项别、第一类的配装组、查明的和次要危险性、数量、在航空器上位置或可得到机长信息通知单存放地的电话号码。如认为没有可能包括所有的内容，应把与当时情况最有关的内容或每一货舱中危险物品的数量、类别或项别概况包括在内。

（2）始终应该执行该型航空器获准使用的适当的火情或烟雾排除紧急程序。飞行机组人员氧气罩和调节器必须打开，并选至100%氧气位置以防止吸入烟或烟雾。使用适当的烟雾排除应急程序应能减少任何污染物的集中，并有助于避免受污染空气的再循环。空气调节系统应开到最大功率，所有的舱内空气应排到舱外（没有空气的再循环），以便减少任何污染物在空气中的集中，并避免受污染空气的再循环。

（3）降低高度将会降低液体的汽化速率，也可降低渗漏速率，但可能加快燃烧速率。相反，增加高度将会降低燃烧速率，但是可能加快汽化速率或渗漏速率。如果出现了结构损坏或爆炸危险，应该考虑保持尽可能低

的压差。

（4）不应为了灭火而降低通风率，因为这将产生使旅客致残的影响，而对灭火却起不到多大作用。旅客可能在火被熄灭之前因缺氧而窒息。通过确保客舱最大的通风量，可显著增加旅客的幸存机会。

（5）在处理涉及火情和烟雾的事件/事故时，应时刻戴着气密呼吸设备，不应考虑使用带便携式氧气瓶的医疗面罩或旅客用降落式氧气系统来帮助处于充满烟或烟雾的客舱内的旅客，因为大量的烟或烟雾将通过面罩上的气门或气孔被吸入。帮助处于充满烟或烟雾的环境中的旅客的一个更加有效的办法，是使用湿毛巾或湿布捂住嘴和鼻子。湿毛巾或湿布可帮助过滤，且比干毛巾或干布的过滤效果更佳。如果烟或烟雾越来越浓，客舱机组应迅速采取行动，将旅客从受影响区域转移，必要时提供湿毛巾或湿布，并说明如何通过它们来呼吸。

（6）一般而言，对溢出物或在有烟雾存在的情况下，不应使用水，因为它可能使溢出物扩散，或加快烟雾的增速。当使用水灭火器时，也应该考虑到可能存在电气组件。

（7）除了这些必须在航空器上携带的应急设备和一些运营人提供的应急响应包之外，还可以找到其他许多很有用的东西，包括：

①酒吧或配餐食用的箱子；

②烤炉抗热手套/抗火手套；

③聚乙烯袋子；

④毛毯；

⑤毛巾。

（8）在触摸可疑包装件或瓶子之前，始终应该将手保护好。抗火手套或烤炉抗热手套覆上聚乙烯袋子，可能提供适当保护。

（9）在擦干任何溢出物或渗漏物时，应该时刻谨慎小心，确保在用来擦抹的物品与危险品之间不会产生反应。如果可能产生反应，就不应该试图擦干溢出物，而应用聚乙烯袋子将其覆盖。如果没有聚乙烯袋子，则应注意确保用来盛装该物品的任何容器与该物品本身不会产生反应。

（10）如果已知或怀疑的危险品以粉末形式溢出，所影响的一切物品均应保持不动。不应该用灭火剂覆盖此类溢出，或用水加以稀释。应将旅客从受影响区域转移。应考虑关闭再循环风扇。应使用聚乙烯袋子或其他塑料袋和毯子覆盖有溢出物的区域。应将该区域隔离起来。着陆之后，只应由合格的专业人员负责处理情况。

（11）如果火已被熄灭，而且内包装显然完好无损，应考虑用水冷却包装件，从而避免再燃烧的可能性。

（12）当有烟雾或蒸汽存在时，应该禁止吸烟。

（13）在任何事件/事故中，如果援救和消防人员来到航空器上，那么无论危险品是造成事件/事故的原因，还是在航空器上载有危险品但并不与事件/事故直接相关，此时都应规定一个程序，确保立即将机长的危险品通知单提供给援救和消防服务人员。这一程序可能要求在紧急撤离中第一个离开航空器的飞行组成员将机长的通知单交给资深的援救和消防人员。

（14）如果一起事件/事故涉及某种可以（通过联合国运输专用名称或编号，或通过任何其他方法）查明的化学物质，在某些情况下可能能够从各国化学数据库中获取有用的信息。这些数据库通常保持电话 24 小时畅通，因此可以通过电话转接程序与之取得联系。这种数据库的例子包括：

美国——CHEMTREC

在美国境内拨打 800 424 9300

在美国境外拨打 703 527 3887

加拿大——CANUTEC

拨打 613 996 6666

中国——建议拨打国家化学事故应急咨询专家

0532—3889090

二、出现危险品事件和事故时应采取的措施

在飞行中，当出现危险品事件/事故时，机组应按下列检查单规定程序和内容进行检查并采取以下措施。

1. 遵循适当的航空器灭火或排烟应急程序

排除火情和烟雾。

民航危险品运输概论

2. 贴上禁烟标志

当有烟雾或蒸汽存在时，应执行禁烟令，并在飞行的剩余时间里持续禁烟。

3. 考虑尽快着陆

鉴于任何危险品事故征候所带来的困难和可能造成的灾难性后果，应考虑尽快着陆。应该提早而不是延迟做出在最近的合适的机场着陆的决定，延迟做出该决定可能使事故征候发展到一个非常关键的时刻，从而严重地限制操作上的灵活性。

4. 考虑关闭非必要的电源

因为事故征候可能是由电力问题引起的，或因为电力系统可能受到任何事故征候的影响，特别是因为灭火行动等可能损坏电力系统，故应关闭所有非必要的电气设备。仅保持为那些对维持航空器安全必不可少的仪器、系统和控制装置供电。不要恢复电力，直至这样做确实安全时为止。

5. 查明烟/烟雾/火的来源

任何烟/烟雾/火的来源都有可能是难以查明的。事故征候的根源被查明后，才能最好地完成有效地灭火或控制程序。

6. 对于发生在客舱内的危险物品事故征候，参见客舱乘务组检查单，并协调驾驶舱/客舱乘务组的行动

在客舱内发生事故的征候应由客舱乘务组按相应的检查单和程序来处理。客舱机组和飞行机组协调他们的行动，以及每一组成员都充分了解另一组成员的行动和意图是十分重要的。

7. 确定应急响应操作方法代号

物品被查明后，应在机长的危险物品通知单上找到相应的条目。通知单上可能列出了适用的应急响应操作方法代号，如果没有给出，也可以通过找出通知单上的正式运输名称或联合国编号，并使用按字母顺序或按数字顺序排列的危险品一览表，查出该代号。如果引起事故征候的物品没有列在通知单上，应该设法确定该物质的名称或性质。然后可使用按字母顺序排列的表来确定应急响应操作方法代号。

8. 使用航空器应急响应操作发放图表上的指南帮助处理事故征候

指定给每一种危险物品的操作方法代号由一个 1－11 中的数字，加

上一个字母组成。参考应急响应操作方法的图标，每一个操作方法编号与一行有关该物质造成的危险的信息以及最好采取的行动指南相对应。操作方法字母在操作方法图表上分别列出；它表示该物质可能具有的其他危险。在一些情况下，由操作方法编号给出的指南可能由操作方法字母给出的信息加以进一步完善。

9．如果情况允许，通知空中交通管制部门机上运载的危险品

如果在飞行中出现紧急情况，且情况允许的话，机长应通知有关空中交通服务单位航空器上运载的危险品。在可能情况下，信息应该包括运输专用名称和/或联合国编号、类/项以及任何可查明的次要危险性、数量和航空器上的装载位置。当认为不可能包括所有信息时，那些被认为在当时情况下最后重要的信息应予提供。

10．在打开任何货舱门之前，让旅客和机组人员先行下机

虽然在着陆之后已无必要完成紧急撤离，仍应在试图打开货舱门之前和在采取任何进一步行动来处理危险品事故征候之前，让旅客和机组成员先行下机。货舱门打开时应有应急服务人员在场。

11．通知地面人员/应急服务人员危险物品的性质及其存放的地点

到达后，采取必要的步骤为地面工作人员指出物品存放的位置。以可利用的最快方式传递所有关于该物品的信息，适当的是包括一份机长通知单。

12．在飞行记录本上做适当的记录

应该在飞行记录本上写明：需要进行检查以确保任何危险品的渗漏或移除均未损坏航空器的结构或系统，以及一些航空器设备（如灭火器、应急响应包等）可能需要补充或更换。

第三节　地面人员的应急程序

一、国际航协推荐的地面人员标准应急程序

（1）首先立即报告主管人员并寻求危险品专家的协助。

（2）识别危险品（如可通过危险品运输文件或包装件上的标记标签确定发生事故的危险品的危险性）。

（3）在能确保安全的情况下，将事故包装件与其他包装件或财产隔离开。

（4）隔离发生事故的区域。

（5）避免接触包装件内装物。

如果人或衣服沾上包装件内的物品，应采取如下措施：

①用大量的水彻底冲洗身体；

②脱掉受污染的衣物；

③不要吸烟或进食；

④不要用手接触眼、鼻、口等部位；

⑤寻求医疗处理。

二、受污染货物或行李的处理

如果运营人得知未认定含有危险品的货物或行李已受到污染，并且怀疑污染源可能来自危险品，在被污染的货物或行李进行装载前，运营人必须采取合理的步骤去确定污染的性质及其来源。如果发现或怀疑污染物质被国际航协《危险品规则》规则分类为危险品，运营人必须隔离这些行李或货物，并在其继续空运前采取适当的措施排除任何已确定的危险性。

三、危险品紧急处理流程

危险品紧急处理流程见表10-1。

表10-1　危险品紧急处理流程

危险性类别/项别和适用的配装组	危险品分类	危险性描述	应立即采取的行动（尽量避免泄漏和接触其他货物）
1.3C、1.3G		起火和较小的爆炸危险和/或较小的喷射危险	

危险性类别/项别和适用的配装组	危险品分类	危险性描述	应立即采取的行动（尽量避免泄漏和接触其他货物）
1.4B、1.4C、1.4D、1.4E	爆炸物（仅限货机运输）	起火但不存在其他显著危险	通知消防部门灭火
1.4G			
1.4S	爆炸物（安全）	较小的起火危险	
2.1、2.2	易燃气体，非易燃无毒气体，深冷液化气体	泄漏时会被点燃，高压时气瓶爆裂过冷	通知消防部门灭火，撤离货物到通风区域
2.3	有毒气体（仅限货机运输）	高压气瓶爆裂和吸入有毒气体	保持至 25m 的距离
3	易燃液体	释放易燃蒸气	通知消防部门灭火，在任何情况下不得使用水
4.1、4.2、4.3	易燃固体，易自燃，遇湿有危险性的物品	易燃，会引起火灾，与空气接触燃烧，遇水燃烧	
5.1、5.2	氧化剂，有机过氧化物	接触时引起燃烧，与其他物质接触发生强烈反应	通知消防部门灭火，不得使用水
6.1、6.2	有毒物质，感染性物质	吞咽、吸入或与皮肤接触时会，造成伤害，会使人畜生病	隔离区域，寻求专家协助，不得触摸，保持至少 25m 距离
7 Ⅰ级、7 Ⅱ/Ⅲ级	放射性物质—白色，放射性物质—黄色	放射性辐射污染并对健康有害	
8	腐蚀性物质	对金属和皮肤有伤害	通知消防部门灭火，避免与皮肤接触
9	聚合物颗粒，磁性物质固体二氧化碳（干冰），杂项危险品	含有少量易燃气体，影响导航系统，导致过冷或窒息，杂项危险品	避免与皮肤接触，无需立即采取措施

民航危险品运输概论

第四节　基本知识和应急设备

一、货舱等级

按 CCAR.25.857 规定，飞机货舱分为 A、B、C、D、E 五个等级，但货机没有旅客舱，因而货机货舱在设计上仅考虑 C、D、E 三个等级。

1. A 级

A 级货舱或行李舱是指具备下列要求的舱：

（1）火情的存在易于被机组成员在其工作位置上发现；

（2）在飞行中易于接近该级舱内任何部位。

注：一般 A 级货舱是小型货舱，可能位于驾驶舱或客舱之间，或者靠近航空器上厨房区，或者在航空器后部。

2. B 级

B 级货舱或行李舱是指具备下列要求的舱：

（1）在飞行中有足够的通道使机组成员能够携带手提灭火器的内含物有效地喷洒到达舱内任何部位；

（2）当利用通道时，没有任何危险量的烟、火焰或灭火剂进入任何有机组或旅客的舱；

（3）有经批准的独立的烟雾探测器或火情探测器系统，可在驾驶员或飞行工程师工作位置上给出警告；

注：B 级货舱通常要比 A 级货舱大很多，可能位于离驾驶舱较远的地方。

3. C 级

C 级货舱或行李舱是指不符合 A 级和 B 级舱要求的舱，但是该舱具备下列条件：

（1）有经批准的、独立的烟雾探测器或火警探测器系统，可在驾驶员或飞行工程师工作位置处给出警告；

（2）有从驾驶舱处可操纵的、经批准的固定式灭火系统或抑制系统；

（3）有措施阻止危险量的烟、火焰或灭火剂进入任何有机组或旅客的舱；

（4）有控制舱内通风和抽风的措施，使所有灭火剂能抑制舱内任何可能的着火。

注：C 级货舱的容积通常比 A 级或 B 级大，此类货舱一般位于宽体航空器的舱板下。C 级货舱可能有两个灭火系统，在第一次喷射灭火剂初步控制火情的一段时间后，能够再次向货舱喷射灭火剂。

4．D 级

D 级货舱应具备下列条件：

（1）舱内发生火警将完全被限制在舱内，不会危及飞机或机上人员的安全；

（2）有措施阻止危险量的烟、火焰或其他有毒气体进入机组或旅客的舱；

（3）可在每一舱内控制通风和抽风，使任何可能发生在舱内的火灾不会发展到超过安全的限度；

（4）考虑舱内高温对相邻的飞机重要部件产生的影响。对于容积等于或小于 14.2 立方米（500 立方英尺）的舱，每小时 42.5 立方米（1500 立方英尺）的空气流量是可以接受的。

注：D 级货舱没有装备火警探测和灭火系统，而被设计为通过严格限制氧气的供给来控制火情。D 级货舱在大多数喷气式运输航空器上都位于客舱舱板之下。然而，必须意识到，某些危险品本身就能产生氧气，因此，不能推定 D 级货舱内的火情定会自己熄灭。

5．E 级

该级货舱通常由货机的整个主甲板舱组成（仅限于运载货物的舱）。其要求是：

（1）有经批准的、独立的烟雾探测器或火警探测器系统，可在驾驶员或飞行工程师工作位置处给出警告；

（2）有措施切断进入货舱的或货舱内的通风气流，这些措施的操纵器件是驾驶舱内的飞行机组可以接近的；

（3）有措施阻止烟、火或有毒气体进入驾驶舱；

（4）在任何装货情况下，所要求的机组应急出口是可以接近的。

注：E级货舱通常由货运航空器的整个主舱构成。常规客机在客舱下配有C级或D级货舱。货机通常配有一个E级主货舱及D级和/或C级舱板下货舱。

二、灭火器

在飞机上常见的灭火器械都是以卤化物（溴氯二氟甲烷）、干粉剂、二氧化碳（CO_2）或者水等作为灭火剂的灭火器，但并不是所有这些物质都要求在同一架飞机内设置。这些灭火器的使用导则均在其操作手册之中，同时也在灭火器的外壳上给予了描述。在使用水作为灭火材料的场合，应考虑水带来的其他危险性。

三、机上氧气设备

固定式和便携式的氧气设备在增压舱货机中是提供给机组和旅客使用的，为飞行机组准备的设备通常配有一个气密氧气面罩，可提供100％氧气。在一般情况下，航空器可能携带便携式氧气面罩，飞机均配有便携式的医用面罩，机组通过装有医用面罩的便携式氧气瓶来获得氧气，额外的旅客用降落式面罩也可供客舱、厨房或厕所区域使用，无论是旅客用降落式面罩还是医疗面罩都设计为允许低流量氧气通过，由透过面罩边侧的气门或气孔吸入的空气加以补充。这些面罩并不是气密的。因此，当任何有毒气或烟雾存在时，都将会被旅客或机组从所使用的面罩通气阀或孔吸入。

四、机上应急处置包

航空公司应在飞机上备有危险物品应急处置包，以供机组在危险品事故中使用，并向机组人员提供在发生危险品不安全事件时如何使用该装备的训练。

危险品应急处置包通常包括：

（1）若干个大的优质聚乙烯袋；

（2）捆扎绳；

（3）长的橡胶手套；

注：本章提到的"应急处置包"，指在该包中至少要包含这些设备。

第五节　灭火措施和常见危险品的急救措施

一、灭火措施

危险品一旦发生火灾，除了及时报火警之外，在专业消防人员到来之前，现场工作人员还应采取适当的灭火措施积极进行补救，以减少国家财产的损失。

1. 爆炸品

现场抢救人员应戴防毒面具，应站在上风头，并用水和各式灭火设备扑救。

2. 气体

现场抢救人员应戴防毒面具，应避免站在气体钢瓶的首、尾部。在情况允许时，应将火势未及区域的气体钢瓶迅速移至安全地带。用水或雾状水浇在气体钢瓶上，使其冷却，并用二氧化碳灭火器扑救。

3. 易燃气体

现场抢救人员应戴防毒面具或使用其他防护面具，应站在上风头。易燃液体燃烧时，可用二氧化碳灭火器、1211灭火器、砂土或干粉灭火器扑救。

4. 易燃固体、自燃物质或遇水释放易燃其他的物质

现场抢救人员应戴防毒口罩。对于易燃固体、自燃物质，可用砂土、石棉毯、干粉灭火器或二氧化碳灭火器扑救。

5. 氧化剂和有机过氧化物

有机过氧化物着火时应使用砂土、干粉灭火器、1211灭火器或二氧化碳灭火器扑救。

其他氧化剂着火时应该用砂土或雾状水扑救，并且要随时防止水溶液与其他易燃易爆物品接触。

6. 毒性物质

现场抢救人员应做好全身性的防护，除了防毒面具之外，还应穿戴防护服和手套等。

7. 放射性物质

现场抢救人员应使用辐射防护面具，应站在上风头，应用雾状水灭火，并且要防止水流扩散而造成大面积污染。

8. 腐蚀性物质

现场抢救人员除了防毒面具之外应穿戴防护服和手套等，应站在上风头，应使用砂土或干粉灭火器扑救。

二、常见危险品的急救措施

1. 乙炔（Acetylene）

急性吸入乙炔气体会引起神经系统损害，应将患者转移至空气新鲜处，对呼吸困难者应吸氧。

2. 二氧化碳（Carbon Dioxide）

立即将中毒者转移至空气新鲜处平卧并保温，有呼吸衰竭的情况，立即进行人工呼吸或输氧。

3. 丁烷（Butane）

立即将患者移出现场吸氧，并注意保暖。呼吸停止时应进行人工呼吸以及其他对症治疗。烧伤时应以干净衣服保护伤口，将患者转移至新鲜空气处，并送往医院治疗。

4. 甲烷（Methane）

立即将吸入甲烷气体的患者脱离污染区，并进行吸氧和注意保暖。对呼吸停止的患者，应立即进行人工呼吸以及其他对症治疗。

5. 氟利昂（氯二氟甲烷）（Chlorodifluoromethane）

立即将患者转移至新鲜空气处。

6. 煤气（Coal Gas）

立即将患者转移至新鲜空气处，并保持安静和保暖，再送往医院治疗。患者因呼吸中枢麻痹而停止呼吸，但心脏仍搏动，必须进行人工呼吸至呼吸正常为止。

7. 乙二醇（甘醇）（EthyleneGlycol）

吸入蒸气者应立即离开污染区，立即用清水冲洗，并用肥皂洗净。

8. 乙醇（EthyleneAlcohol）

吸入蒸气者应立即离开污染区，并安置其休息和注意保暖眼部受到刺激应用水冲洗，严重者应送医院治疗。口服中毒者应大量饮水，严重者应送医院治疗。

9. 乙醚（Ether）

眼部受到刺激应用水冲洗，并送医院治疗。口服中毒者应立即漱口，并送医院治疗。

10. 丁酸（Butanal）

应立即将吸入蒸气的患者带离污染区，并安置其休息和注意保暖。眼部受到刺激应用水冲洗，严重者送医院治疗。皮肤接触应先用水冲洗，再用肥皂彻底洗涤。口服中毒者应立即漱口，并送医院治疗。

11. 凡立水（Varnish）

烧伤的伤口用干净衣服保护和注意保暖，并送往医院治疗。

12. 丙酮（Acetone）

应立即将吸入蒸气的患者带离污染区，安置其休息和注意保暖，并送医院治疗。眼部受到刺激应用水冲洗，严重者送医院治疗。皮肤接触应先用水冲洗，再用肥皂彻底洗涤。口服中毒者应立即漱口，并送医院治疗。

13. 丙醛（Propionaldehyde）

应立即将吸入蒸气的患者带离污染区，安置其休息和注意保暖。眼部受到刺激应用水冲洗，严重者送医院治疗。口服中毒者应立即漱口，并送医院治疗。

14. 石油（Crude Oil）

擦掉溢漏到皮肤上的液体，脱去被污染的衣服，用肥皂水冲洗患处。眼睛接触石油时应用水冲洗15min，再进一步治疗。烧伤的伤口以干净衣服保护、保暖，将患者转移至新鲜空气处，送医院治疗。

15. 甲苯（Toluene）

应立即将吸入蒸气的患者带离污染区，安置其休息和注意保暖。眼部受到刺激应用水冲洗，严重者送医院治疗。皮肤接触应先用水冲洗，再用肥皂彻底洗涤。口服中毒者应立即漱口，并送医院治疗。

16. 甲醛溶液（Formaldehyde solution）

立即将患者转移至新鲜空气处。皮肤接触应先用水冲洗，再用酒精擦洗，最后涂上甘油。

17. 油漆类（Paints）

立即将患者转移至新鲜空气处，安置其休息和注意保暖。严重者送医院治疗。烧伤的伤口以干净衣服保护，注意身体保暖，并送往医院治疗。

18. 苯（Benzene）

发现作业人员面色不正常时，将患者转移至空气新鲜处，安置其休息和注意保暖，并送医院治疗。皮肤接触应先用水冲洗，再用肥皂彻底清洗。口服中毒者应先漱口，并送医院治疗。

19. 沥青（Pitch）

将患者转移至空气新鲜处，安置其休息和注意保暖，呼吸困难时应输氧。皮肤或眼部接触应先用水冲洗 15min，严重者送医院治疗。

20. 煤油（Kerosene）

将患者转移至空气新鲜处，松开衣服。呼吸困难时应输氧，呼吸停止时应进行人工呼吸。皮肤接触应先用水冲洗，再用肥皂彻底洗涤。眼部接触应先用水冲洗 15min，严重者送医院治疗。

21. 钠（Sodium）

眼睛接触时用水冲洗，并送医院治疗。烧伤时应立即送医院治疗。

22. 黄磷（Phosphorus）

将患者转移离开污染区，并安置其休息、保暖，严重者送医院治疗，皮肤接触应先用水冲洗，但不可涂油。口服中毒者应立即漱口、饮水，并送医院治疗。

23. 萘（Naphthalence）

将吸入患者转移离开污染区，并安置其休息、保暖。眼睛接触时用水冲洗。皮肤接触应先用水冲洗，再用肥皂彻底洗涤。口服中毒者应立即漱口，并送医院治疗。

24．硝化纤维（Nitrocellulose）

中毒时，立即将患者送往医院救治。

25．赛璐珞（Celluoid）

将患者转移至空气新鲜处，供给氧气并帮助呼吸，保持身体温暖，严重者送医院治疗。

26．丁基苯酚（Butylphenol）

皮肤接触时用肥皂水或水冲洗。误食应立即大量喝水，并送医院治疗。

27．禾大壮（Molinate）

眼睛和皮肤接触时，用水冲洗。中毒时，应大量饮水至呕吐，以减轻毒害。

28．滴滴涕（Dichloro Diphenyl Trichloroethane）

皮肤接触时用肥皂水或水洗涤。

29．氢氧化钠（Sodium Hydroxide）

将患者转移离开污染区，并安置其休息和送医院治疗。眼睛接触时用水冲洗，并送医院治疗。皮肤接触应先用水冲洗，再用肥皂彻底洗涤。口服中毒者应立即漱口、饮水，并送医院治疗。

附录一 民用爆炸物品安全管理条例

中华人民共和国国务院令第 466 号

《民用爆炸物品安全管理条例》已经 2006 年 4 月 26 日国务院第 134 次常务会议通过，现予公布，自 2006 年 9 月 1 日起施行。

总 理 温家宝
二〇〇六年五月十日

民用爆炸物品安全管理条例

第一章 总 则

第一条 为了加强对民用爆炸物品的安全管理，预防爆炸事故发生，保障公民生命、财产安全和公共安全，制定本条例。

第二条 民用爆炸物品的生产、销售、购买、进出口、运输、爆破作业和储存以及硝酸铵的销售、购买，适用本条例。

本条例所称民用爆炸物品，是指用于非军事目的、列入民用爆炸物品品名表的各类火药、炸药及其制品和雷管、导火索等点火、起爆器材。

民用爆炸物品品名表，由国务院国防科技工业主管部门会同国务院公安部门制订、公布。

第三条 国家对民用爆炸物品的生产、销售、购买、运输和爆破作业实行许可证制度。

未经许可，任何单位或者个人不得生产、销售、购买、运输民用爆炸物品，不得从事爆破作业。

严禁转让、出借、转借、抵押、赠送、私藏或者非法持有民用爆炸物品。

第四条 国防科技工业主管部门负责民用爆炸物品生产、销售的安全监督管理。

公安机关负责民用爆炸物品公共安全管理和民用爆炸物品购买、运输、爆破作业的安全监督管理，监控民用爆炸物品流向。

安全生产监督、铁路、交通、民用航空主管部门依照法律、行政法规的规定，负责做好民用爆炸物品的有关安全监督管理工作。

国防科技工业主管部门、公安机关、工商行政管理部门按照职责分工，负责组织查处非法生产、销售、购买、储存、运输、邮寄、使用民用爆炸物品的行为。

第五条 民用爆炸物品生产、销售、购买、运输和爆破作业单位（以下称民用爆炸物品从业单位）的主要负责人是本单位民用爆炸物品安全管理责任人，对本单位的民用爆炸物品安全管理工作全面负责。

民用爆炸物品从业单位是治安保卫工作的重点单位，应当依法设置治安保卫机构或者配备治安保卫人员，设置技术防范设施，防止民用爆炸物品丢失、被盗、被抢。

民用爆炸物品从业单位应当建立安全管理制度、岗位安全责任制度，制订安全防范措施和事故应急预案，设置安全管理机构或者配备专职安全管理人员。

第六条 无民事行为能力人、限制民事行为能力人或者曾因犯罪受过刑事处罚的人，不得从事民用爆炸物品的生产、销售、购买、运输和爆破作业。

民用爆炸物品从业单位应当加强对本单位从业人员的安全教育、法制教育和岗位技术培训，从业人员经考核合格的，方可上岗作业；对有资格要求的岗位，应当配备具有相应资格的人员。

第七条 国家建立民用爆炸物品信息管理系统，对民用爆炸物品实行标识管理，监控民用爆炸物品流向。

民用爆炸物品生产企业、销售企业和爆破作业单位应当建立民用爆炸

物品登记制度，如实将本单位生产、销售、购买、运输、储存、使用民用爆炸物品的品种、数量和流向信息输入计算机系统。

第八条　任何单位或者个人都有权举报违反民用爆炸物品安全管理规定的行为；接到举报的主管部门、公安机关应当立即查处，并为举报人员保密，对举报有功人员给予奖励。

第九条　国家鼓励民用爆炸物品从业单位采用提高民用爆炸物品安全性能的新技术，鼓励发展民用爆炸物品生产、配送、爆破作业一体化的经营模式。

第二章　生　产

第十条　设立民用爆炸物品生产企业，应当遵循统筹规划、合理布局的原则。

第十一条　申请从事民用爆炸物品生产的企业，应当具备下列条件：

（一）符合国家产业结构规划和产业技术标准；

（二）厂房和专用仓库的设计、结构、建筑材料、安全距离以及防火、防爆、防雷、防静电等安全设备、设施符合国家有关标准和规范；

（三）生产设备、工艺符合有关安全生产的技术标准和规程；

（四）有具备相应资格的专业技术人员、安全生产管理人员和生产岗位人员；

（五）有健全的安全管理制度、岗位安全责任制度；

（六）法律、行政法规规定的其他条件。

第十二条　申请从事民用爆炸物品生产的企业，应当向国务院国防科技工业主管部门提交申请书、可行性研究报告以及能够证明其符合本条例第十一条规定条件的有关材料。国务院国防科技工业主管部门应当自受理申请之日起 45 日内进行审查，对符合条件的，核发《民用爆炸物品生产许可证》；对不符合条件的，不予核发《民用爆炸物品生产许可证》，书面向申请人说明理由。

民用爆炸物品生产企业为调整生产能力及品种进行改建、扩建的，应当依照前款规定申请办理《民用爆炸物品生产许可证》。

第十三条　取得《民用爆炸物品生产许可证》的企业应当在基本建设

完成后，向国务院国防科技工业主管部门申请安全生产许可。国务院国防科技工业主管部门应当依照《安全生产许可证条例》的规定对其进行查验，对符合条件的，在《民用爆炸物品生产许可证》上标注安全生产许可。民用爆炸物品生产企业持经标注安全生产许可的《民用爆炸物品生产许可证》到工商行政管理部门办理工商登记后，方可生产民用爆炸物品。

民用爆炸物品生产企业应当在办理工商登记后 3 日内，向所在地县级人民政府公安机关备案。

第十四条　民用爆炸物品生产企业应当严格按照《民用爆炸物品生产许可证》核定的品种和产量进行生产，生产作业应当严格执行安全技术规程的规定。

第十五条　民用爆炸物品生产企业应当对民用爆炸物品做出警示标识、登记标识，对雷管编码打号。民用爆炸物品警示标识、登记标识和雷管编码规则，由国务院公安部门会同国务院国防科技工业主管部门规定。

第十六条　民用爆炸物品生产企业应当建立健全产品检验制度，保证民用爆炸物品的质量符合相关标准。民用爆炸物品的包装，应当符合法律、行政法规的规定以及相关标准。

第十七条　试验或者试制民用爆炸物品，必须在专门场地或者专门的试验室进行。严禁在生产车间或者仓库内试验或者试制民用爆炸物品。

第三章　销售和购买

第十八条　申请从事民用爆炸物品销售的企业，应当具备下列条件：

（一）符合对民用爆炸物品销售企业规划的要求；

（二）销售场所和专用仓库符合国家有关标准和规范；

（三）有具备相应资格的安全管理人员、仓库管理人员；

（四）有健全的安全管理制度、岗位安全责任制度；

（五）法律、行政法规规定的其他条件。

第十九条　申请从事民用爆炸物品销售的企业，应当向所在地省、自治区、直辖市人民政府国防科技工业主管部门提交申请书、可行性研究报告以及能够证明其符合本条例第十八条规定条件的有关材料。省、自治区、直辖市人民政府国防科技工业主管部门应当自受理申请之日起 30 日

内进行审查，并对申请单位的销售场所和专用仓库等经营设施进行查验，对符合条件的，核发《民用爆炸物品销售许可证》；对不符合条件的，不予核发《民用爆炸物品销售许可证》，书面向申请人说明理由。

民用爆炸物品销售企业持《民用爆炸物品销售许可证》到工商行政管理部门办理工商登记后，方可销售民用爆炸物品。

民用爆炸物品销售企业应当在办理工商登记后 3 日内，向所在地县级人民政府公安机关备案。

第二十条　民用爆炸物品生产企业凭《民用爆炸物品生产许可证》，可以销售本企业生产的民用爆炸物品。

民用爆炸物品生产企业销售本企业生产的民用爆炸物品，不得超出核定的品种、产量。

第二十一条　民用爆炸物品使用单位申请购买民用爆炸物品的，应当向所在地县级人民政府公安机关提出购买申请，并提交下列有关材料：

（一）工商营业执照或者事业单位法人证书；

（二）《爆破作业单位许可证》或者其他合法使用的证明；

（三）购买单位的名称、地址、银行账户；

（四）购买的品种、数量和用途说明。

受理申请的公安机关应当自受理申请之日起 5 日内对提交的有关材料进行审查，对符合条件的，核发《民用爆炸物品购买许可证》；对不符合条件的，不予核发《民用爆炸物品购买许可证》，书面向申请人说明理由。

《民用爆炸物品购买许可证》应当载明许可购买的品种、数量、购买单位以及许可的有效期限。

第二十二条　民用爆炸物品生产企业凭《民用爆炸物品生产许可证》购买属于民用爆炸物品的原料，民用爆炸物品销售企业凭《民用爆炸物品销售许可证》向民用爆炸物品生产企业购买民用爆炸物品，民用爆炸物品使用单位凭《民用爆炸物品购买许可证》购买民用爆炸物品，还应当提供经办人的身份证明。

销售民用爆炸物品的企业，应当查验前款规定的许可证和经办人的身份证明；对持《民用爆炸物品购买许可证》购买的，应当按照许可的品种、数量销售。

第二十三条　销售、购买民用爆炸物品，应当通过银行账户进行交易，不得使用现金或者实物进行交易。

销售民用爆炸物品的企业，应当将购买单位的许可证、银行账户转账凭证、经办人的身份证明复印件保存 2 年备查。

第二十四条　销售民用爆炸物品的企业，应当自民用爆炸物品买卖成交之日起 3 日内，将销售的品种、数量和购买单位向所在地省、自治区、直辖市人民政府国防科技工业主管部门和所在地县级人民政府公安机关备案。

购买民用爆炸物品的单位，应当自民用爆炸物品买卖成交之日起 3 日内，将购买的品种、数量向所在地县级人民政府公安机关备案。

第二十五条　进出口民用爆炸物品，应当经国务院国防科技工业主管部门审批。进出口民用爆炸物品审批办法，由国务院国防科技工业主管部门会同国务院公安部门、海关总署规定。

进出口单位应当将进出口的民用爆炸物品的品种、数量向收货地或者出境口岸所在地县级人民政府公安机关备案。

第四章　运　　输

第二十六条　运输民用爆炸物品，收货单位应当向运达地县级人民政府公安机关提出申请，并提交包括下列内容的材料：

（一）民用爆炸物品生产企业、销售企业、使用单位以及进出口单位分别提供的《民用爆炸物品生产许可证》、《民用爆炸物品销售许可证》、《民用爆炸物品购买许可证》或者进出口批准证明；

（二）运输民用爆炸物品的品种、数量、包装材料和包装方式；

（三）运输民用爆炸物品的特性、出现险情的应急处置方法；

（四）运输时间、起始地点、运输路线、经停地点。

受理申请的公安机关应当自受理申请之日起 3 日内对提交的有关材料进行审查，对符合条件的，核发《民用爆炸物品运输许可证》；对不符合条件的，不予核发《民用爆炸物品运输许可证》，书面向申请人说明理由。

《民用爆炸物品运输许可证》应当载明收货单位、销售企业、承运人，一次性运输有效期限、起始地点、运输路线、经停地点，民用爆炸物品的

民航危险品运输概论

品种、数量。

第二十七条 运输民用爆炸物品的，应当凭《民用爆炸物品运输许可证》，按照许可的品种、数量运输。

第二十八条 经由道路运输民用爆炸物品的，应当遵守下列规定：

（一）携带《民用爆炸物品运输许可证》；

（二）民用爆炸物品的装载符合国家有关标准和规范，车厢内不得载人；

（三）运输车辆安全技术状况应当符合国家有关安全技术标准的要求，并按照规定悬挂或者安装符合国家标准的易燃易爆危险物品警示标志；

（四）运输民用爆炸物品的车辆应当保持安全车速；

（五）按照规定的路线行驶，途中经停应当有专人看守，并远离建筑设施和人口稠密的地方，不得在许可以外的地点经停；

（六）按照安全操作规程装卸民用爆炸物品，并在装卸现场设置警戒，禁止无关人员进入；

（七）出现危险情况立即采取必要的应急处置措施，并报告当地公安机关。

第二十九条 民用爆炸物品运达目的地，收货单位应当进行验收后在《民用爆炸物品运输许可证》上签注，并在 3 日内将《民用爆炸物品运输许可证》交回发证机关核销。

第三十条 禁止携带民用爆炸物品搭乘公共交通工具或者进入公共场所。

禁止邮寄民用爆炸物品，禁止在托运的货物、行李、包裹、邮件中夹带民用爆炸物品。

第五章 爆破作业

第三十一条 申请从事爆破作业的单位，应当具备下列条件：

（一）爆破作业属于合法的生产活动；

（二）有符合国家有关标准和规范的民用爆炸物品专用仓库；

（三）有具备相应资格的安全管理人员、仓库管理人员和具备国家规定执业资格的爆破作业人员；

（四）有健全的安全管理制度、岗位安全责任制度；

（五）有符合国家标准、行业标准的爆破作业专用设备；

（六）法律、行政法规规定的其他条件。

第三十二条 申请从事爆破作业的单位，应当按照国务院公安部门的规定，向有关人民政府公安机关提出申请，并提供能够证明其符合本条例第三十一条规定条件的有关材料。受理申请的公安机关应当自受理申请之日起 20 日内进行审查，对符合条件的，核发《爆破作业单位许可证》；对不符合条件的，不予核发《爆破作业单位许可证》，书面向申请人说明理由。

营业性爆破作业单位持《爆破作业单位许可证》到工商行政管理部门办理工商登记后，方可从事营业性爆破作业活动。

爆破作业单位应当在办理工商登记后 3 日内，向所在地县级人民政府公安机关备案。

第三十三条 爆破作业单位应当对本单位的爆破作业人员、安全管理人员、仓库管理人员进行专业技术培训。爆破作业人员应当经设区的市级人民政府公安机关考核合格，取得《爆破作业人员许可证》后，方可从事爆破作业。

第三十四条 爆破作业单位应当按照其资质等级承接爆破作业项目，爆破作业人员应当按照其资格等级从事爆破作业。爆破作业的分级管理办法由国务院公安部门规定。

第三十五条 在城市、风景名胜区和重要工程设施附近实施爆破作业的，应当向爆破作业所在地设区的市级人民政府公安机关提出申请，提交《爆破作业单位许可证》和具有相应资质的安全评估企业出具的爆破设计、施工方案评估报告。受理申请的公安机关应当自受理申请之日起 20 日内对提交的有关材料进行审查，对符合条件的，作出批准的决定；对不符合条件的，作出不予批准的决定，并书面向申请人说明理由。

实施前款规定的爆破作业，应当由具有相应资质的安全监理企业进行监理，由爆破作业所在地县级人民政府公安机关负责组织实施安全警戒。

第三十六条 爆破作业单位跨省、自治区、直辖市行政区域从事爆破作业的，应当事先将爆破作业项目的有关情况向爆破作业所在地县级人民

政府公安机关报告。

第三十七条　爆破作业单位应当如实记载领取、发放民用爆炸物品的品种、数量、编号以及领取、发放人员姓名。领取民用爆炸物品的数量不得超过当班用量，作业后剩余的民用爆炸物品必须当班清退回库。

爆破作业单位应当将领取、发放民用爆炸物品的原始记录保存 2 年备查。

第三十八条　实施爆破作业，应当遵守国家有关标准和规范，在安全距离以外设置警示标志并安排警戒人员，防止无关人员进入；爆破作业结束后应当及时检查、排除未引爆的民用爆炸物品。

第三十九条　爆破作业单位不再使用民用爆炸物品时，应当将剩余的民用爆炸物品登记造册，报所在地县级人民政府公安机关组织监督销毁。

发现、拣拾无主民用爆炸物品的，应当立即报告当地公安机关。

第六章　储　　存

第四十条　民用爆炸物品应当储存在专用仓库内，并按照国家规定设置技术防范设施。

第四十一条　储存民用爆炸物品应当遵守下列规定：

（一）建立出入库检查、登记制度，收存和发放民用爆炸物品必须进行登记，做到账目清楚，账物相符；

（二）储存的民用爆炸物品数量不得超过储存设计容量，对性质相抵触的民用爆炸物品必须分库储存，严禁在库房内存放其他物品；

（三）专用仓库应当指定专人管理、看护，严禁无关人员进入仓库区内，严禁在仓库区内吸烟和用火，严禁把其他容易引起燃烧、爆炸的物品带入仓库区内，严禁在库房内住宿和进行其他活动；

（四）民用爆炸物品丢失、被盗、被抢，应当立即报告当地公安机关。

第四十二条　在爆破作业现场临时存放民用爆炸物品的，应当具备临时存放民用爆炸物品的条件，并设专人管理、看护，不得在不具备安全存放条件的场所存放民用爆炸物品。

第四十三条　民用爆炸物品变质和过期失效的，应当及时清理出库，并予以销毁。销毁前应当登记造册，提出销毁实施方案，报省、自治区、直辖市人民政府国防科技工业主管部门、所在地县级人民政府公安机关组织监督销毁。

第七章　法律责任

第四十四条　非法制造、买卖、运输、储存民用爆炸物品，构成犯罪的，依法追究刑事责任；尚不构成犯罪，有违反治安管理行为的，依法给予治安管理处罚。

违反本条例规定，在生产、储存、运输、使用民用爆炸物品中发生重大事故，造成严重后果或者后果特别严重，构成犯罪的，依法追究刑事责任。

违反本条例规定，未经许可生产、销售民用爆炸物品的，由国防科技工业主管部门责令停止非法生产、销售活动，处 10 万元以上 50 万元以下的罚款，并没收非法生产、销售的民用爆炸物品及其违法所得。

违反本条例规定，未经许可购买、运输民用爆炸物品或者从事爆破作业的，由公安机关责令停止非法购买、运输、爆破作业活动，处 5 万元以上 20 万元以下的罚款，并没收非法购买、运输以及从事爆破作业使用的民用爆炸物品及其违法所得。

国防科技工业主管部门、公安机关对没收的非法民用爆炸物品，应当组织销毁。

第四十五条　违反本条例规定，生产、销售民用爆炸物品的企业有下列行为之一的，由国防科技工业主管部门责令限期改正，处 10 万元以上 50 万元以下的罚款；逾期不改正的，责令停产停业整顿；情节严重的，吊销《民用爆炸物品生产许可证》或者《民用爆炸物品销售许可证》：

（一）超出生产许可的品种、产量进行生产、销售的；

（二）违反安全技术规程生产作业的；

（三）民用爆炸物品的质量不符合相关标准的；

（四）民用爆炸物品的包装不符合法律、行政法规的规定以及相关标准的；

（五）超出购买许可的品种、数量销售民用爆炸物品的；

（六）向没有《民用爆炸物品生产许可证》、《民用爆炸物品销售许可

证》、《民用爆炸物品购买许可证》的单位销售民用爆炸物品的；

（七）民用爆炸物品生产企业销售本企业生产的民用爆炸物品未按照规定向国防科技工业主管部门备案的；

（八）未经审批进出口民用爆炸物品的。

第四十六条 违反本条例规定，有下列情形之一的，由公安机关责令限期改正，处 5 万元以上 20 万元以下的罚款；逾期不改正的，责令停产停业整顿：

（一）未按照规定对民用爆炸物品做出警示标识、登记标识或者未对雷管编码打号的；

（二）超出购买许可的品种、数量购买民用爆炸物品的；

（三）使用现金或者实物进行民用爆炸物品交易的；

（四）未按照规定保存购买单位的许可证、银行账户转账凭证、经办人的身份证明复印件的；

（五）销售、购买、进出口民用爆炸物品，未按照规定向公安机关备案的；

（六）未按照规定建立民用爆炸物品登记制度，如实将本单位生产、销售、购买、运输、储存、使用民用爆炸物品的品种、数量和流向信息输入计算机系统的；

（七）未按照规定将《民用爆炸物品运输许可证》交回发证机关核销的。

第四十七条 违反本条例规定，经由道路运输民用爆炸物品，有下列情形之一的，由公安机关责令改正，处 5 万元以上 20 万元以下的罚款：

（一）违反运输许可事项的；

（二）未携带《民用爆炸物品运输许可证》的；

（三）违反有关标准和规范混装民用爆炸物品的；

（四）运输车辆未按照规定悬挂或者安装符合国家标准的易燃易爆危险物品警示标志的；

（五）未按照规定的路线行驶，途中经停没有专人看守或者在许可以外的地点经停的；

（六）装载民用爆炸物品的车厢载人的；

（七）出现危险情况未立即采取必要的应急处置措施、报告当地公安机关的。

第四十八条　违反本条例规定，从事爆破作业的单位有下列情形之一的，由公安机关责令停止违法行为或者限期改正，处 10 万元以上 50 万元以下的罚款；逾期不改正的，责令停产停业整顿；情节严重的，吊销《爆破作业单位许可证》：

（一）爆破作业单位未按照其资质等级从事爆破作业的；

（二）营业性爆破作业单位跨省、自治区、直辖市行政区域实施爆破作业，未按照规定事先向爆破作业所在地的县级人民政府公安机关报告的；

（三）爆破作业单位未按照规定建立民用爆炸物品领取登记制度、保存领取登记记录的；

（四）违反国家有关标准和规范实施爆破作业的。

爆破作业人员违反国家有关标准和规范的规定实施爆破作业的，由公安机关责令限期改正，情节严重的，吊销《爆破作业人员许可证》。

第四十九条　违反本条例规定，有下列情形之一的，由国防科技工业主管部门、公安机关按照职责责令限期改正，可以并处 5 万元以上 20 万元以下的罚款；逾期不改正的，责令停产停业整顿；情节严重的，吊销许可证：

（一）未按照规定在专用仓库设置技术防范设施的；

（二）未按照规定建立出入库检查、登记制度或者收存和发放民用爆炸物品，致使账物不符的；

（三）超量储存、在非专用仓库储存或者违反储存标准和规范储存民用爆炸物品的；

（四）有本条例规定的其他违反民用爆炸物品储存管理规定行为的。

第五十条　违反本条例规定，民用爆炸物品从业单位有下列情形之一的，由公安机关处 2 万元以上 10 万元以下的罚款；情节严重的，吊销其许可证；有违反治安管理行为的，依法给予治安管理处罚：

（一）违反安全管理制度，致使民用爆炸物品丢失、被盗、被抢的；

（二）民用爆炸物品丢失、被盗、被抢，未按照规定向当地公安机关

报告或者故意隐瞒不报的；

（三）转让、出借、转借、抵押、赠送民用爆炸物品的。

第五十一条 违反本条例规定，携带民用爆炸物品搭乘公共交通工具或者进入公共场所，邮寄或者在托运的货物、行李、包裹、邮件中夹带民用爆炸物品，构成犯罪的，依法追究刑事责任；尚不构成犯罪的，由公安机关依法给予治安管理处罚，没收非法的民用爆炸物品，处 1000 元以上 1 万元以下的罚款。

第五十二条 民用爆炸物品从业单位的主要负责人未履行本条例规定的安全管理责任，导致发生重大伤亡事故或者造成其他严重后果，构成犯罪的，依法追究刑事责任；尚不构成犯罪的，对主要负责人给予撤职处分，对个人经营的投资人处 2 万元以上 20 万元以下的罚款。

第五十三条 国防科技工业主管部门、公安机关、工商行政管理部门的工作人员，在民用爆炸物品安全监督管理工作中滥用职权、玩忽职守或者徇私舞弊，构成犯罪的，依法追究刑事责任；尚不构成犯罪的，依法给予行政处分。

第八章 附 则

第五十四条 《民用爆炸物品生产许可证》、《民用爆炸物品销售许可证》，由国务院国防科技工业主管部门规定式样；《民用爆炸物品购买许可证》、《民用爆炸物品运输许可证》、《爆破作业单位许可证》、《爆破作业人员许可证》，由国务院公安部门规定式样。

第五十五条 本条例自 2006 年 9 月 1 日起施行。1984 年 1 月 6 日国务院发布的《中华人民共和国民用爆炸物品管理条例》同时废止。

附录二　危险化学品安全管理条例

中新网 3 月 20 日电　据中国政府网消息，《危险化学品安全管理条例》已经 2011 年 2 月 16 日国务院第 144 次常务会议修订通过，国务院总理温家宝日前签署中华人民共和国国务院令，公布该条例，自 2011 年 12 月 1 日起施行。

全文如下：

危险化学品安全管理条例

（2002 年 1 月 26 日中华人民共和国国务院令第 344 号公布

2011 年 2 月 16 日国务院第 144 次常务会议修订通过）

第一章　总　　则

第一条　为了加强危险化学品的安全管理，预防和减少危险化学品事故，保障人民群众生命财产安全，保护环境，制定本条例。

第二条　危险化学品生产、储存、使用、经营和运输的安全管理，适用本条例。

废弃危险化学品的处置，依照有关环境保护的法律、行政法规和国家有关规定执行。

第三条　本条例所称危险化学品，是指具有毒害、腐蚀、爆炸、燃烧、助燃等性质，对人体、设施、环境具有危害的剧毒化学品和其他化学品。

危险化学品目录，由国务院安全生产监督管理部门会同国务院工业和信息化、公安、环境保护、卫生、质量监督检验检疫、交通运输、铁路、

民用航空、农业主管部门，根据化学品危险特性的鉴别和分类标准确定、公布，并适时调整。

第四条　危险化学品安全管理，应当坚持安全第一、预防为主、综合治理的方针，强化和落实企业的主体责任。

生产、储存、使用、经营、运输危险化学品的单位（以下统称危险化学品单位）的主要负责人对本单位的危险化学品安全管理工作全面负责。

危险化学品单位应当具备法律、行政法规规定和国家标准、行业标准要求的安全条件，建立、健全安全管理规章制度和岗位安全责任制度，对从业人员进行安全教育、法制教育和岗位技术培训。从业人员应当接受教育和培训，考核合格后上岗作业；对有资格要求的岗位，应当配备依法取得相应资格的人员。

第五条　任何单位和个人不得生产、经营、使用国家禁止生产、经营、使用的危险化学品。

国家对危险化学品的使用有限制性规定的，任何单位和个人不得违反限制性规定使用危险化学品。

第六条　对危险化学品的生产、储存、使用、经营、运输实施安全监督管理的有关部门（以下统称负有危险化学品安全监督管理职责的部门），依照下列规定履行职责：

（一）安全生产监督管理部门负责危险化学品安全监督管理综合工作，组织确定、公布、调整危险化学品目录，对新建、改建、扩建生产、储存危险化学品（包括使用长输管道输送危险化学品，下同）的建设项目进行安全条件审查，核发危险化学品安全生产许可证、危险化学品安全使用许可证和危险化学品经营许可证，并负责危险化学品登记工作。

（二）公安机关负责危险化学品的公共安全管理，核发剧毒化学品购买许可证、剧毒化学品道路运输通行证，并负责危险化学品运输车辆的道路交通安全管理。

（三）质量监督检验检疫部门负责核发危险化学品及其包装物、容器（不包括储存危险化学品的固定式大型储罐，下同）生产企业的工业产品生产许可证，并依法对其产品质量实施监督，负责对进出口危险化学品及其包装实施检验。

（四）环境保护主管部门负责废弃危险化学品处置的监督管理，组织危险化学品的环境危害性鉴定和环境风险程度评估，确定实施重点环境管理的危险化学品，负责危险化学品环境管理登记和新化学物质环境管理登记；依照职责分工调查相关危险化学品环境污染事故和生态破坏事件，负责危险化学品事故现场的应急环境监测。

（五）交通运输主管部门负责危险化学品道路运输、水路运输的许可以及运输工具的安全管理，对危险化学品水路运输安全实施监督，负责危险化学品道路运输企业、水路运输企业驾驶人员、船员、装卸管理人员、押运人员、申报人员、集装箱装箱现场检查员的资格认定。铁路主管部门负责危险化学品铁路运输的安全管理，负责危险化学品铁路运输承运人、托运人的资质审批及其运输工具的安全管理。民用航空主管部门负责危险化学品航空运输以及航空运输企业及其运输工具的安全管理。

（六）卫生主管部门负责危险化学品毒性鉴定的管理，负责组织、协调危险化学品事故受伤人员的医疗卫生救援工作。

（七）工商行政管理部门依据有关部门的许可证件，核发危险化学品生产、储存、经营、运输企业营业执照，查处危险化学品经营企业违法采购危险化学品的行为。

（八）邮政管理部门负责依法查处寄递危险化学品的行为。

第七条 负有危险化学品安全监督管理职责的部门依法进行监督检查，可以采取下列措施：

（一）进入危险化学品作业场所实施现场检查，向有关单位和人员了解情况，查阅、复制有关文件、资料；

（二）发现危险化学品事故隐患，责令立即消除或者限期消除；

（三）对不符合法律、行政法规、规章规定或者国家标准、行业标准要求的设施、设备、装置、器材、运输工具，责令立即停止使用；

（四）经本部门主要负责人批准，查封违法生产、储存、使用、经营危险化学品的场所，扣押违法生产、储存、使用、经营、运输的危险化学品以及用于违法生产、使用、运输危险化学品的原材料、设备、运输工具；

（五）发现影响危险化学品安全的违法行为，当场予以纠正或者责令

限期改正。

负有危险化学品安全监督管理职责的部门依法进行监督检查，监督检查人员不得少于 2 人，并应当出示执法证件；有关单位和个人对依法进行的监督检查应当予以配合，不得拒绝、阻碍。

第八条　县级以上人民政府应当建立危险化学品安全监督管理工作协调机制，支持、督促负有危险化学品安全监督管理职责的部门依法履行职责，协调、解决危险化学品安全监督管理工作中的重大问题。

负有危险化学品安全监督管理职责的部门应当相互配合、密切协作，依法加强对危险化学品的安全监督管理。

第九条　任何单位和个人对违反本条例规定的行为，有权向负有危险化学品安全监督管理职责的部门举报。负有危险化学品安全监督管理职责的部门接到举报，应当及时依法处理；对不属于本部门职责的，应当及时移送有关部门处理。

第十条　国家鼓励危险化学品生产企业和使用危险化学品从事生产的企业采用有利于提高安全保障水平的先进技术、工艺、设备以及自动控制系统，鼓励对危险化学品实行专门储存、统一配送、集中销售。

第二章　生产、储存安全

第十一条　国家对危险化学品的生产、储存实行统筹规划、合理布局。

国务院工业和信息化主管部门以及国务院其他有关部门依据各自职责，负责危险化学品生产、储存的行业规划和布局。

地方人民政府组织编制城乡规划，应当根据本地区的实际情况，按照确保安全的原则，规划适当区域专门用于危险化学品的生产、储存。

第十二条　新建、改建、扩建生产、储存危险化学品的建设项目（以下简称建设项目），应当由安全生产监督管理部门进行安全条件审查。

建设单位应当对建设项目进行安全条件论证，委托具备国家规定的资质条件的机构对建设项目进行安全评价，并将安全条件论证和安全评价的情况报告报建设项目所在地设区的市级以上人民政府安全生产监督管理部门；安全生产监督管理部门应当自收到报告之日起 45 日内作出审查决定，并书面通知建设单位。具体办法由国务院安全生产监督管理部门制定。

新建、改建、扩建储存、装卸危险化学品的港口建设项目，由港口行政管理部门按照国务院交通运输主管部门的规定进行安全条件审查。

第十三条　生产、储存危险化学品的单位，应当对其铺设的危险化学品管道设置明显标志，并对危险化学品管道定期检查、检测。

进行可能危及危险化学品管道安全的施工作业，施工单位应当在开工的 7 日前书面通知管道所属单位，并与管道所属单位共同制定应急预案，采取相应的安全防护措施。管道所属单位应当指派专门人员到现场进行管道安全保护指导。

第十四条　危险化学品生产企业进行生产前，应当依照《安全生产许可证条例》的规定，取得危险化学品安全生产许可证。

生产列入国家实行生产许可证制度的工业产品目录的危险化学品的企业，应当依照《中华人民共和国工业产品生产许可证管理条例》的规定，取得工业产品生产许可证。

负责颁发危险化学品安全生产许可证、工业产品生产许可证的部门，应当将其颁发许可证的情况及时向同级工业和信息化主管部门、环境保护主管部门和公安机关通报。

第十五条　危险化学品生产企业应当提供与其生产的危险化学品相符的化学品安全技术说明书，并在危险化学品包装（包括外包装件）上粘贴或者挂挂与包装内危险化学品相符的化学品安全标签。化学品安全技术说明书和化学品安全标签所载明的内容应当符合国家标准的要求。

危险化学品生产企业发现其生产的危险化学品有新的危险特性的，应当立即公告，并及时修订其化学品安全技术说明书和化学品安全标签。

第十六条　生产实施重点环境管理的危险化学品的企业，应当按照国务院环境保护主管部门的规定，将该危险化学品向环境中释放等相关信息向环境保护主管部门报告。环境保护主管部门可以根据情况采取相应的环境风险控制措施。

第十七条　危险化学品的包装应当符合法律、行政法规、规章的规定以及国家标准、行业标准的要求。

危险化学品包装物、容器的材质以及危险化学品包装的型式、规格、

方法和单件质量（重量），应当与所包装的危险化学品的性质和用途相适应。

第十八条　生产列入国家实行生产许可证制度的工业产品目录的危险化学品包装物、容器的企业，应当依照《中华人民共和国工业产品生产许可证管理条例》的规定，取得工业产品生产许可证；其生产的危险化学品包装物、容器经国务院质量监督检验检疫部门认定的检验机构检验合格，方可出厂销售。

运输危险化学品的船舶及其配载的容器，应当按照国家船舶检验规范进行生产，并经海事管理机构认定的船舶检验机构检验合格，方可投入使用。

对重复使用的危险化学品包装物、容器，使用单位在重复使用前应当进行检查；发现存在安全隐患的，应当维修或者更换。使用单位应当对检查情况作出记录，记录的保存期限不得少于 2 年。

第十九条　危险化学品生产装置或者储存数量构成重大危险源的危险化学品储存设施（运输工具加油站、加气站除外），与下列场所、设施、区域的距离应当符合国家有关规定：

（一）居住区以及商业中心、公园等人员密集场所；

（二）学校、医院、影剧院、体育场（馆）等公共设施；

（三）饮用水源、水厂以及水源保护区；

（四）车站、码头（依法经许可从事危险化学品装卸作业的除外）、机场以及通信干线、通信枢纽、铁路线路、道路交通干线、水路交通干线、地铁风亭以及地铁站出入口；

（五）基本农田保护区、基本草原、畜禽遗传资源保护区、畜禽规模化养殖场（养殖小区）、渔业水域以及种子、种畜禽、水产苗种生产基地；

（六）河流、湖泊、风景名胜区、自然保护区；

（七）军事禁区、军事管理区；

（八）法律、行政法规规定的其他场所、设施、区域。

已建的危险化学品生产装置或者储存数量构成重大危险源的危险化学品储存设施不符合前款规定的，由所在地设区的市级人民政府安全生产监督管理部门会同有关部门监督其所属单位在规定期限内进行整改；需要转产、停产、搬迁、关闭的，由本级人民政府决定并组织实施。

储存数量构成重大危险源的危险化学品储存设施的选址，应当避开地震活动断层和容易发生洪灾、地质灾害的区域。

本条例所称重大危险源，是指生产、储存、使用或者搬运危险化学品，且危险化学品的数量等于或者超过临界量的单元（包括场所和设施）。

第二十条　生产、储存危险化学品的单位，应当根据其生产、储存的危险化学品的种类和危险特性，在作业场所设置相应的监测、监控、通风、防晒、调温、防火、灭火、防爆、泄压、防毒、中和、防潮、防雷、防静电、防腐、防泄漏以及防护围堤或者隔离操作等安全设施、设备，并按照国家标准、行业标准或者国家有关规定对安全设施、设备进行经常性维护、保养，保证安全设施、设备的正常使用。

生产、储存危险化学品的单位，应当在其作业场所和安全设施、设备上设置明显的安全警示标志。

第二十一条　生产、储存危险化学品的单位，应当在其作业场所设置通信、报警装置，并保证处于适用状态。

第二十二条　生产、储存危险化学品的企业，应当委托具备国家规定的资质条件的机构，对本企业的安全生产条件每 3 年进行一次安全评价，提出安全评价报告。安全评价报告的内容应当包括对安全生产条件存在的问题进行整改的方案。

生产、储存危险化学品的企业，应当将安全评价报告以及整改方案的落实情况报所在地县级人民政府安全生产监督管理部门备案。在港区内储存危险化学品的企业，应当将安全评价报告以及整改方案的落实情况报港口行政管理部门备案。

第二十三条　生产、储存剧毒化学品或者国务院公安部门规定的可用于制造爆炸物品的危险化学品（以下简称易制爆危险化学品）的单位，应当如实记录其生产、储存的剧毒化学品、易制爆危险化学品的数量、流向，并采取必要的安全防范措施，防止剧毒化学品、易制爆危险化学品丢失或者被盗；发现剧毒化学品、易制爆危险化学品丢失或者被盗的，应当立即向当地公安机关报告。

生产、储存剧毒化学品、易制爆危险化学品的单位，应当设置治安保

卫机构，配备专职治安保卫人员。

第二十四条　危险化学品应当储存在专用仓库、专用场地或者专用储存室（以下统称专用仓库）内，并由专人负责管理；剧毒化学品以及储存数量构成重大危险源的其他危险化学品，应当在专用仓库内单独存放，并实行双人收发、双人保管制度。

危险化学品的储存方式、方法以及储存数量应当符合国家标准或者国家有关规定。

第二十五条　储存危险化学品的单位应当建立危险化学品出入库核查、登记制度。

对剧毒化学品以及储存数量构成重大危险源的其他危险化学品，储存单位应当将其储存数量、储存地点以及管理人员的情况，报所在地县级人民政府安全生产监督管理部门（在港区内储存的，报港口行政管理部门）和公安机关备案。

第二十六条　危险化学品专用仓库应当符合国家标准、行业标准的要求，并设置明显的标志。储存剧毒化学品、易制爆危险化学品的专用仓库，应当按照国家有关规定设置相应的技术防范设施。

储存危险化学品的单位应当对其危险化学品专用仓库的安全设施、设备定期进行检测、检验。

第二十七条　生产、储存危险化学品的单位转产、停产、停业或者解散的，应当采取有效措施，及时、妥善处置其危险化学品生产装置、储存设施以及库存的危险化学品，不得丢弃危险化学品；处置方案应当报所在地县级人民政府安全生产监督管理部门、工业和信息化主管部门、环境保护主管部门和公安机关备案。安全生产监督管理部门应当会同环境保护主管部门和公安机关对处置情况进行监督检查，发现未依照规定处置的，应当责令其立即处置。

第三章　使用安全

第二十八条　使用危险化学品的单位，其使用条件（包括工艺）应当符合法律、行政法规的规定和国家标准、行业标准的要求，并根据所使用的危险化学品的种类、危险特性以及使用量和使用方式，建立、健全使用危险化学品的安全管理规章制度和安全操作规程，保证危险化学品的安全使用。

第二十九条　使用危险化学品从事生产并且使用量达到规定数量的化工企业（属于危险化学品生产企业的除外，下同），应当依照本条例的规定取得危险化学品安全使用许可证。

前款规定的危险化学品使用量的数量标准，由国务院安全生产监督管理部门会同国务院公安部门、农业主管部门确定并公布。

第三十条　申请危险化学品安全使用许可证的化工企业，除应当符合本条例第二十八条的规定外，还应当具备下列条件：

（一）有与所使用的危险化学品相适应的专业技术人员；

（二）有安全管理机构和专职安全管理人员；

（三）有符合国家规定的危险化学品事故应急预案和必要的应急救援器材、设备；

（四）依法进行了安全评价。

第三十一条　申请危险化学品安全使用许可证的化工企业，应当向所在地设区的市级人民政府安全生产监督管理部门提出申请，并提交其符合本条例第三十条规定条件的证明材料。设区的市级人民政府安全生产监督管理部门应当依法进行审查，自收到证明材料之日起 45 日内作出批准或者不予批准的决定。予以批准的，颁发危险化学品安全使用许可证；不予批准的，书面通知申请人并说明理由。

安全生产监督管理部门应当将其颁发危险化学品安全使用许可证的情况及时向同级环境保护主管部门和公安机关通报。

第三十二条　本条例第十六条关于生产实施重点环境管理的危险化学品的企业的规定，适用于使用实施重点环境管理的危险化学品从事生产的企业；第二十条、第二十一条、第二十三条第一款、第二十七条关于生产、储存危险化学品的单位的规定，适用于使用危险化学品的单位；第二十二条关于生产、储存危险化学品的企业的规定，适用于使用危险化学品从事生产的企业。

第四章　经营安全

第三十三条　国家对危险化学品经营（包括仓储经营，下同）实行许可制度。未经许可，任何单位和个人不得经营危险化学品。

依法设立的危险化学品生产企业在其厂区范围内销售本企业生产的危险化学品，不需要取得危险化学品经营许可。

依照《中华人民共和国港口法》的规定取得港口经营许可证的港口经营人，在港区内从事危险化学品仓储经营，不需要取得危险化学品经营许可。

第三十四条　从事危险化学品经营的企业应当具备下列条件：

（一）有符合国家标准、行业标准的经营场所，储存危险化学品的，还应当有符合国家标准、行业标准的储存设施；

（二）从业人员经过专业技术培训并经考核合格；

（三）有健全的安全管理规章制度；

（四）有专职安全管理人员；

（五）有符合国家规定的危险化学品事故应急预案和必要的应急救援器材、设备；

（六）法律、法规规定的其他条件。

第三十五条　从事剧毒化学品、易制爆危险化学品经营的企业，应当向所在地设区的市级人民政府安全生产监督管理部门提出申请，从事其他危险化学品经营的企业，应当向所在地县级人民政府安全生产监督管理部门提出申请（有储存设施的，应当向所在地设区的市级人民政府安全生产监督管理部门提出申请）。申请人应当提交其符合本条例第三十四条规定条件的证明材料。设区的市级人民政府安全生产监督管理部门或者县级人民政府安全生产监督管理部门应当依法进行审查，并对申请人的经营场所、储存设施进行现场核查，自收到证明材料之日起 30 日内作出批准或者不予批准的决定。予以批准的，颁发危险化学品经营许可证；不予批准的，书面通知申请人并说明理由。

设区的市级人民政府安全生产监督管理部门和县级人民政府安全生产监督管理部门应当将其颁发危险化学品经营许可证的情况及时向同级环境

保护主管部门和公安机关通报。

申请人持危险化学品经营许可证向工商行政管理部门办理登记手续后，方可从事危险化学品经营活动。法律、行政法规或者国务院规定经营危险化学品还需要经其他有关部门许可的，申请人向工商行政管理部门办理登记手续时还应当持相应的许可证件。

第三十六条　危险化学品经营企业储存危险化学品的，应当遵守本条例第二章关于储存危险化学品的规定。危险化学品商店内只能存放民用小包装的危险化学品。

第三十七条　危险化学品经营企业不得向未经许可从事危险化学品生产、经营活动的企业采购危险化学品，不得经营没有化学品安全技术说明书或者化学品安全标签的危险化学品。

第三十八条　依法取得危险化学品安全生产许可证、危险化学品安全使用许可证、危险化学品经营许可证的企业，凭相应的许可证件购买剧毒化学品、易制爆危险化学品。民用爆炸物品生产企业凭民用爆炸物品生产许可证购买易制爆危险化学品。

前款规定以外的单位购买剧毒化学品的，应当向所在地县级人民政府公安机关申请取得剧毒化学品购买许可证；购买易制爆危险化学品的，应当持本单位出具的合法用途说明。

个人不得购买剧毒化学品（属于剧毒化学品的农药除外）和易制爆危险化学品。

第三十九条　申请取得剧毒化学品购买许可证，申请人应当向所在地县级人民政府公安机关提交下列材料：

（一）营业执照或者法人证书（登记证书）的复印件；

（二）拟购买的剧毒化学品品种、数量的说明；

（三）购买剧毒化学品用途的说明；

（四）经办人的身份证明。

县级人民政府公安机关应当自收到前款规定的材料之日起3日内，作出批准或者不予批准的决定。予以批准的，颁发剧毒化学品购买许可证；不予批准的，书面通知申请人并说明理由。

剧毒化学品购买许可证管理办法由国务院公安部门制定。

第四十条　危险化学品生产企业、经营企业销售剧毒化学品、易制爆危险化学品，应当查验本条例第三十八条第一款、第二款规定的相关许可证件或者证明文件，不得向不具有相关许可证件或者证明文件的单位销售剧毒化学品、易制爆危险化学品。对持剧毒化学品购买许可证购买剧毒化学品的，应当按照许可证载明的品种、数量销售。

禁止向个人销售剧毒化学品（属于剧毒化学品的农药除外）和易制爆危险化学品。

第四十一条　危险化学品生产企业、经营企业销售剧毒化学品、易制爆危险化学品，应当如实记录购买单位的名称、地址、经办人的姓名、身份证号码以及所购买的剧毒化学品、易制爆危险化学品的品种、数量、用途。销售记录以及经办人的身份证明复印件、相关许可证件复印件或者证明文件的保存期限不得少于1年。

剧毒化学品、易制爆危险化学品的销售企业、购买单位应当在销售、购买后5日内，将所销售、购买的剧毒化学品、易制爆危险化学品的品种、数量以及流向信息报所在地县级人民政府公安机关备案，并输入计算机系统。

第四十二条　使用剧毒化学品、易制爆危险化学品的单位不得出借、转让其购买的剧毒化学品、易制爆危险化学品；因转产、停产、搬迁、关闭等确需转让的，应当向具有本条例第三十八条第一款、第二款规定的相关许可证件或者证明文件的单位转让，并在转让后将有关情况及时向所在地县级人民政府公安机关报告。

第五章　运输安全

第四十三条　从事危险化学品道路运输、水路运输的，应当分别依照有关道路运输、水路运输的法律、行政法规的规定，取得危险货物道路运输许可、危险货物水路运输许可，并向工商行政管理部门办理登记手续。

危险化学品道路运输企业、水路运输企业应当配备专职安全管理人员。

第四十四条　危险化学品道路运输企业、水路运输企业的驾驶人员、船员、装卸管理人员、押运人员、申报人员、集装箱装箱现场检查员应当经交通运输主管部门考核合格，取得从业资格。具体办法由国务院交通运输主管部门制定。

危险化学品的装卸作业应当遵守安全作业标准、规程和制度，并在装卸管理人员的现场指挥或者监控下进行。水路运输危险化学品的集装箱装箱作业应当在集装箱装箱现场检查员的指挥或者监控下进行，并符合积载、隔离的规范和要求；装箱作业完毕后，集装箱装箱现场检查员应当签署装箱证明书。

第四十五条　运输危险化学品，应当根据危险化学品的危险特性采取相应的安全防护措施，并配备必要的防护用品和应急救援器材。

用于运输危险化学品的槽罐以及其他容器应当封口严密，能够防止危险化学品在运输过程中因温度、湿度或者压力的变化发生渗漏、洒漏；槽罐以及其他容器的溢流和泄压装置应当设置准确、起闭灵活。

运输危险化学品的驾驶人员、船员、装卸管理人员、押运人员、申报人员、集装箱装箱现场检查员，应当了解所运输的危险化学品的危险特性及其包装物、容器的使用要求和出现危险情况时的应急处置方法。

第四十六条　通过道路运输危险化学品的，托运人应当委托依法取得危险货物道路运输许可的企业承运。

第四十七条　通过道路运输危险化学品的，应当按照运输车辆的核定载质量装载危险化学品，不得超载。

危险化学品运输车辆应当符合国家标准要求的安全技术条件，并按照国家有关规定定期进行安全技术检验。

危险化学品运输车辆应当悬挂或者喷涂符合国家标准要求的警示标志。

第四十八条　通过道路运输危险化学品的，应当配备押运人员，并保证所运输的危险化学品处于押运人员的监控之下。

运输危险化学品途中因住宿或者发生影响正常运输的情况，需要较长时间停车的，驾驶人员、押运人员应当采取相应的安全防范措施；运输剧毒化学品或者易制爆危险化学品的，还应当向当地公安机关报告。

第四十九条　未经公安机关批准，运输危险化学品的车辆不得进入危险化学品运输车辆限制通行的区域。危险化学品运输车辆限制通行的区域

由县级人民政府公安机关划定，并设置明显的标志。

第五十条　通过道路运输剧毒化学品的，托运人应当向运输始发地或者目的地县级人民政府公安机关申请剧毒化学品道路运输通行证。

申请剧毒化学品道路运输通行证，托运人应当向县级人民政府公安机关提交下列材料：

（一）拟运输的剧毒化学品品种、数量的说明；

（二）运输始发地、目的地、运输时间和运输路线的说明；

（三）承运人取得危险货物道路运输许可、运输车辆取得营运证以及驾驶人员、押运人员取得上岗资格的证明文件；

（四）本条例第三十八条第一款、第二款规定的购买剧毒化学品的相关许可证件，或者海关出具的进出口证明文件。

县级人民政府公安机关应当自收到前款规定的材料之日起7日内，作出批准或者不予批准的决定。予以批准的，颁发剧毒化学品道路运输通行证；不予批准的，书面通知申请人并说明理由。

剧毒化学品道路运输通行证管理办法由国务院公安部门制定。

第五十一条　剧毒化学品、易制爆危险化学品在道路运输途中丢失、被盗、被抢或者出现流散、泄漏等情况的，驾驶人员、押运人员应当立即采取相应的警示措施和安全措施，并向当地公安机关报告。公安机关接到报告后，应当根据实际情况立即向安全生产监督管理部门、环境保护主管部门、卫生主管部门通报。有关部门应当采取必要的应急处置措施。

第五十二条　通过水路运输危险化学品的，应当遵守法律、行政法规以及国务院交通运输主管部门关于危险货物水路运输安全的规定。

第五十三条　海事管理机构应当根据危险化学品的种类和危险特性，确定船舶运输危险化学品的相关安全运输条件。

拟交付船舶运输的化学品的相关安全运输条件不明确的，应当经国家海事管理机构认定的机构进行评估，明确相关安全运输条件并经海事管理机构确认后，方可交付船舶运输。

第五十四条　禁止通过内河封闭水域运输剧毒化学品以及国家规定禁止通过内河运输的其他危险化学品。

前款规定以外的内河水域，禁止运输国家规定禁止通过内河运输的剧毒化学品以及其他危险化学品。

禁止通过内河运输的剧毒化学品以及其他危险化学品的范围，由国务院交通运输主管部门会同国务院环境保护主管部门、工业和信息化主管部门、安全生产监督管理部门，根据危险化学品的危险特性、危险化学品对人体和水环境的危害程度以及消除危害后果的难易程度等因素规定并公布。

第五十五条　国务院交通运输主管部门应当根据危险化学品的危险特性，对通过内河运输本条例第五十四条规定以外的危险化学品（以下简称通过内河运输危险化学品）实行分类管理，对各类危险化学品的运输方式、包装规范和安全防护措施等分别作出规定并监督实施。

第五十六条　通过内河运输危险化学品，应当由依法取得危险货物水路运输许可的水路运输企业承运，其他单位和个人不得承运。托运人应当委托依法取得危险货物水路运输许可的水路运输企业承运，不得委托其他单位和个人承运。

第五十七条　通过内河运输危险化学品，应当使用依法取得危险货物适装证书的运输船舶。水路运输企业应当针对所运输的危险化学品的危险特性，制定运输船舶危险化学品事故应急救援预案，并为运输船舶配备充足、有效的应急救援器材和设备。

通过内河运输危险化学品的船舶，其所有人或者经营人应当取得船舶污染损害责任保险证书或者财务担保证明。船舶污染损害责任保险证书或者财务担保证明的副本应当随船携带。

第五十八条　通过内河运输危险化学品，危险化学品包装物的材质、型式、强度以及包装方法应当符合水路运输危险化学品包装规范的要求。国务院交通运输主管部门对单船运输的危险化学品数量有限制性规定的，承运人应当按照规定安排运输数量。

第五十九条　用于危险化学品运输作业的内河码头、泊位应当符合国家有关安全规范，与饮用水取水口保持国家规定的距离。有关管理单位应当制定码头、泊位危险化学品事故应急预案，并为码头、泊位配备充足、有效的应急救援器材和设备。

用于危险化学品运输作业的内河码头、泊位，经交通运输主管部门按

照国家有关规定验收合格后方可投入使用。

第六十条　船舶载运危险化学品进出内河港口，应当将危险化学品的名称、危险特性、包装以及进出港时间等事项，事先报告海事管理机构。海事管理机构接到报告后，应当在国务院交通运输主管部门规定的时间内作出是否同意的决定，通知报告人，同时通报港口行政管理部门。定船舶、定航线、定货种的船舶可以定期报告。

在内河港口内进行危险化学品的装卸、过驳作业，应当将危险化学品的名称、危险特性、包装和作业的时间、地点等事项报告港口行政管理部门。港口行政管理部门接到报告后，应当在国务院交通运输主管部门规定的时间内作出是否同意的决定，通知报告人，同时通报海事管理机构。

载运危险化学品的船舶在内河航行，通过过船建筑物的，应当提前向交通运输主管部门申报，并接受交通运输主管部门的管理。

第六十一条　载运危险化学品的船舶在内河航行、装卸或者停泊，应当悬挂专用的警示标志，按照规定显示专用信号。

载运危险化学品的船舶在内河航行，按照国务院交通运输主管部门的规定需要引航的，应当申请引航。

第六十二条　载运危险化学品的船舶在内河航行，应当遵守法律、行政法规和国家其他有关饮用水水源保护的规定。内河航道发展规划应当与依法经批准的饮用水水源保护区划定方案相协调。

第六十三条　托运危险化学品的，托运人应当向承运人说明所托运的危险化学品的种类、数量、危险特性以及发生危险情况的应急处置措施，并按照国家有关规定对所托运的危险化学品妥善包装，在外包装上设置相应的标志。

运输危险化学品需要添加抑制剂或者稳定剂的，托运人应当添加，并将有关情况告知承运人。

第六十四条　托运人不得在托运的普通货物中夹带危险化学品，不得将危险化学品匿报或者谎报为普通货物托运。

任何单位和个人不得交寄危险化学品或者在邮件、快件内夹带危险化学品，不得将危险化学品匿报或者谎报为普通物品交寄。邮政企业、快递企业不得收寄危险化学品。

对涉嫌违反本条第一款、第二款规定的，交通运输主管部门、邮政管理部门可以依法开拆查验。

第六十五条 通过铁路、航空运输危险化学品的安全管理，依照有关铁路、航空运输的法律、行政法规、规章的规定执行。

第六章 危险化学品登记与事故应急救援

第六十六条 国家实行危险化学品登记制度，为危险化学品安全管理以及危险化学品事故预防和应急救援提供技术、信息支持。

第六十七条 危险化学品生产企业、进口企业，应当向国务院安全生产监督管理部门负责危险化学品登记的机构（以下简称危险化学品登记机构）办理危险化学品登记。

危险化学品登记包括下列内容：

（一）分类和标签信息；

（二）物理、化学性质；

（三）主要用途；

（四）危险特性；

（五）储存、使用、运输的安全要求；

（六）出现危险情况的应急处置措施。

对同一企业生产、进口的同一品种的危险化学品，不进行重复登记。危险化学品生产企业、进口企业发现其生产、进口的危险化学品有新的危险特性的，应当及时向危险化学品登记机构办理登记内容变更手续。

危险化学品登记的具体办法由国务院安全生产监督管理部门制定。

第六十八条 危险化学品登记机构应当定期向工业和信息化、环境保护、公安、卫生、交通运输、铁路、质量监督检验检疫等部门提供危险化学品登记的有关信息和资料。

第六十九条 县级以上地方人民政府安全生产监督管理部门应当会同工业和信息化、环境保护、公安、卫生、交通运输、铁路、质量监督检验检疫等部门，根据本地区实际情况，制定危险化学品事故应急预案，报本级人民政府批准。

第七十条 危险化学品单位应当制定本单位危险化学品事故应急预

案，配备应急救援人员和必要的应急救援器材、设备，并定期组织应急救援演练。

危险化学品单位应当将其危险化学品事故应急预案报所在地设区的市级人民政府安全生产监督管理部门备案。

第七十一条 发生危险化学品事故，事故单位主要负责人应当立即按照本单位危险化学品应急预案组织救援，并向当地安全生产监督管理部门和环境保护、公安、卫生主管部门报告；道路运输、水路运输过程中发生危险化学品事故的，驾驶人员、船员或者押运人员还应当向事故发生地交通运输主管部门报告。

第七十二条 发生危险化学品事故，有关地方人民政府应当立即组织安全生产监督管理、环境保护、公安、卫生、交通运输等有关部门，按照本地区危险化学品事故应急预案组织实施救援，不得拖延、推诿。

有关地方人民政府及其有关部门应当按照下列规定，采取必要的应急处置措施，减少事故损失，防止事故蔓延、扩大：

（一）立即组织营救和救治受害人员，疏散、撤离或者采取其他措施保护危害区域内的其他人员；

（二）迅速控制危害源，测定危险化学品的性质、事故的危害区域及危害程度；

（三）针对事故对人体、动植物、土壤、水源、大气造成的现实危害和可能产生的危害，迅速采取封闭、隔离、洗消等措施；

（四）对危险化学品事故造成的环境污染和生态破坏状况进行监测、评估，并采取相应的环境污染治理和生态修复措施。

第七十三条 有关危险化学品单位应当为危险化学品事故应急救援提供技术指导和必要的协助。

第七十四条 危险化学品事故造成环境污染的，由设区的市级以上人民政府环境保护主管部门统一发布有关信息。

第七章　法律责任

第七十五条 生产、经营、使用国家禁止生产、经营、使用的危险化学品的，由安全生产监督管理部门责令停止生产、经营、使用活动，处

20 万元以上 50 万元以下的罚款，有违法所得的，没收违法所得；构成犯罪的，依法追究刑事责任。

有前款规定行为的，安全生产监督管理部门还应当责令其对所生产、经营、使用的危险化学品进行无害化处理。

违反国家关于危险化学品使用的限制性规定使用危险化学品的，依照本条第一款的规定处理。

第七十六条　未经安全条件审查，新建、改建、扩建生产、储存危险化学品的建设项目的，由安全生产监督管理部门责令停止建设，限期改正；逾期不改正的，处 50 万元以上 100 万元以下的罚款；构成犯罪的，依法追究刑事责任。

未经安全条件审查，新建、改建、扩建储存、装卸危险化学品的港口建设项目的，由港口行政管理部门依照前款规定予以处罚。

第七十七条　未依法取得危险化学品安全生产许可证从事危险化学品生产，或者未依法取得工业产品生产许可证从事危险化学品及其包装物、容器生产的，分别依照《安全生产许可证条例》、《中华人民共和国工业产品生产许可证管理条例》的规定处罚。

违反本条例规定，化工企业未取得危险化学品安全使用许可证，使用危险化学品从事生产的，由安全生产监督管理部门责令限期改正，处 10 万元以上 20 万元以下的罚款；逾期不改正的，责令停产整顿。

违反本条例规定，未取得危险化学品经营许可证从事危险化学品经营的，由安全生产监督管理部门责令停止经营活动，没收违法经营的危险化学品以及违法所得，并处 10 万元以上 20 万元以下的罚款；构成犯罪的，依法追究刑事责任。

第七十八条　有下列情形之一的，由安全生产监督管理部门责令改正，可以处 5 万元以下的罚款；拒不改正的，处 5 万元以上 10 万元以下的罚款；情节严重的，责令停产停业整顿：

（一）生产、储存危险化学品的单位未对其铺设的危险化学品管道设置明显的标志，或者未对危险化学品管道定期检查、检测的；

（二）进行可能危及危险化学品管道安全的施工作业，施工单位未按照规定书面通知管道所属单位，或者未与管道所属单位共同制定应急预

案、采取相应的安全防护措施，或者管道所属单位未指派专门人员到现场进行管道安全保护指导的；

（三）危险化学品生产企业未提供化学品安全技术说明书，或者未在包装（包括外包装件）上粘贴、拴挂化学品安全标签的；

（四）危险化学品生产企业提供的化学品安全技术说明书与其生产的危险化学品不相符，或者在包装（包括外包装件）粘贴、拴挂的化学品安全标签与包装内危险化学品不相符，或者化学品安全技术说明书、化学品安全标签所载明的内容不符合国家标准要求的；

（五）危险化学品生产企业发现其生产的危险化学品有新的危险特性不立即公告，或者不及时修订其化学品安全技术说明书和化学品安全标签的；

（六）危险化学品经营企业经营没有化学品安全技术说明书和化学品安全标签的危险化学品的；

（七）危险化学品包装物、容器的材质以及包装的型式、规格、方法和单件质量（重量）与所包装的危险化学品的性质和用途不相适应的；

（八）生产、储存危险化学品的单位未在作业场所和安全设施、设备上设置明显的安全警示标志，或者未在作业场所设置通信、报警装置的；

（九）危险化学品专用仓库未设专人负责管理，或者对储存的剧毒化学品以及储存数量构成重大危险源的其他危险化学品未实行双人收发、双人保管制度的；

（十）储存危险化学品的单位未建立危险化学品出入库核查、登记制度的；

（十一）危险化学品专用仓库未设置明显标志的；

（十二）危险化学品生产企业、进口企业不办理危险化学品登记，或者发现其生产、进口的危险化学品有新的危险特性不办理危险化学品登记内容变更手续的。

从事危险化学品仓储经营的港口经营人有前款规定情形的，由港口行政管理部门依照前款规定予以处罚。储存剧毒化学品、易制爆危险化学品的专用仓库未按照国家有关规定设置相应的技术防范设施的，由公安机关依照前款规定予以处罚。

生产、储存剧毒化学品、易制爆危险化学品的单位未设置治安保卫机构、配备专职治安保卫人员的，依照《企业事业单位内部治安保卫条例》的规定处罚。

第七十九条 危险化学品包装物、容器生产企业销售未经检验或者经检验不合格的危险化学品包装物、容器的，由质量监督检验检疫部门责令改正，处 10 万元以上 20 万元以下的罚款，有违法所得的，没收违法所得；拒不改正的，责令停产停业整顿；构成犯罪的，依法追究刑事责任。

将未经检验合格的运输危险化学品的船舶及其配载的容器投入使用的，由海事管理机构依照前款规定予以处罚。

第八十条 生产、储存、使用危险化学品的单位有下列情形之一的，由安全生产监督管理部门责令改正，处 5 万元以上 10 万元以下的罚款；拒不改正的，责令停产停业整顿直至由原发证机关吊销其相关许可证件，并由工商行政管理部门责令其办理经营范围变更登记或者吊销其营业执照；有关责任人员构成犯罪的，依法追究刑事责任：

（一）对重复使用的危险化学品包装物、容器，在重复使用前不进行检查的；

（二）未根据其生产、储存的危险化学品的种类和危险特性，在作业场所设置相关安全设施、设备，或者未按照国家标准、行业标准或者国家有关规定对安全设施、设备进行经常性维护、保养的；

（三）未依照本条例规定对其安全生产条件定期进行安全评价的；

（四）未将危险化学品储存在专用仓库内，或者未将剧毒化学品以及储存数量构成重大危险源的其他危险化学品在专用仓库内单独存放的；

（五）危险化学品的储存方式、方法或者储存数量不符合国家标准或者国家有关规定的；

（六）危险化学品专用仓库不符合国家标准、行业标准的要求的；

（七）未对危险化学品专用仓库的安全设施、设备定期进行检测、检验的。

从事危险化学品仓储经营的港口经营人有前款规定情形的，由港口行政管理部门依照前款规定予以处罚。

第八十一条 有下列情形之一的，由公安机关责令改正，可以处 1 万

元以下的罚款；拒不改正的，处1万元以上5万元以下的罚款：

（一）生产、储存、使用剧毒化学品、易制爆危险化学品的单位不如实记录生产、储存、使用的剧毒化学品、易制爆危险化学品的数量、流向的；

（二）生产、储存、使用剧毒化学品、易制爆危险化学品的单位发现剧毒化学品、易制爆危险化学品丢失或者被盗，不立即向公安机关报告的；

（三）储存剧毒化学品的单位未将剧毒化学品的储存数量、储存地点以及管理人员的情况报所在地县级人民政府公安机关备案的；

（四）危险化学品生产企业、经营企业不如实记录剧毒化学品、易制爆危险化学品购买单位的名称、地址、经办人的姓名、身份证号码以及所购买的剧毒化学品、易制爆危险化学品的品种、数量、用途，或者保存销售记录和相关材料的时间少于1年的；

（五）剧毒化学品、易制爆危险化学品的销售企业、购买单位未在规定的时限内将所销售、购买的剧毒化学品、易制爆危险化学品的品种、数量以及流向信息报所在地县级人民政府公安机关备案的；

（六）使用剧毒化学品、易制爆危险化学品的单位依照本条例规定转让其购买的剧毒化学品、易制爆危险化学品，未将有关情况向所在地县级人民政府公安机关报告的。

生产、储存危险化学品的企业或者使用危险化学品从事生产的企业未按照本条例规定将安全评价报告以及整改方案的落实情况报安全生产监督管理部门或者港口行政管理部门备案，或者储存危险化学品的单位未将其剧毒化学品以及储存数量构成重大危险源的其他危险化学品的储存数量、储存地点以及管理人员的情况报安全生产监督管理部门或者港口行政管理部门备案的，分别由安全生产监督管理部门或者港口行政管理部门依照前款规定予以处罚。

生产实施重点环境管理的危险化学品的企业或者使用实施重点环境管理的危险化学品从事生产的企业未按照规定将相关信息向环境保护主管部门报告的，由环境保护主管部门依照本条第一款的规定予以处罚。

第八十二条 生产、储存、使用危险化学品的单位转产、停产、停业或者解散，未采取有效措施及时、妥善处置其危险化学品生产装置、储存设施以及库存的危险化学品，或者丢弃危险化学品的，由安全生产监督管理部门责令改正，处5万元以上10万元以下的罚款；构成犯罪的，依法追究刑事责任。

生产、储存、使用危险化学品的单位转产、停产、停业或者解散，未依照本条例规定将其危险化学品生产装置、储存设施以及库存危险化学品的处置方案报有关部门备案的，分别由有关部门责令改正，可以处1万元以下的罚款；拒不改正的，处1万元以上5万元以下的罚款。

第八十三条　危险化学品经营企业向未经许可违法从事危险化学品生产、经营活动的企业采购危险化学品的，由工商行政管理部门责令改正，处10万元以上20万元以下的罚款；拒不改正的，责令停业整顿直至由原发证机关吊销其危险化学品经营许可证，并由工商行政管理部门责令其办理经营范围变更登记或者吊销其营业执照。

第八十四条　危险化学品生产企业、经营企业有下列情形之一的，由安全生产监督管理部门责令改正，没收违法所得，并处10万元以上20万元以下的罚款；拒不改正的，责令停产停业整顿直至吊销其危险化学品安全生产许可证、危险化学品经营许可证，并由工商行政管理部门责令其办理经营范围变更登记或者吊销其营业执照：

（一）向不具有本条例第三十八条第一款、第二款规定的相关许可证件或者证明文件的单位销售剧毒化学品、易制爆危险化学品的；

（二）不按照剧毒化学品购买许可证载明的品种、数量销售剧毒化学品的；

（三）向个人销售剧毒化学品（属于剧毒化学品的农药除外）、易制爆危险化学品的。

不具有本条例第三十八条第一款、第二款规定的相关许可证件或者证明文件的单位购买剧毒化学品、易制爆危险化学品，或者个人购买剧毒化学品（属于剧毒化学品的农药除外）、易制爆危险化学品的，由公安机关没收所购买的剧毒化学品、易制爆危险化学品，可以并处5000元以下的罚款。

使用剧毒化学品、易制爆危险化学品的单位出借或者向不具有本条例

民航危险品运输概论

第三十八条第一款、第二款规定的相关许可证件的单位转让其购买的剧毒化学品、易制爆危险化学品，或者向个人转让其购买的剧毒化学品（属于剧毒化学品的农药除外）、易制爆危险化学品的，由公安机关责令改正，处 10 万元以上 20 万元以下的罚款；拒不改正的，责令停产停业整顿。

　　第八十五条　未依法取得危险货物道路运输许可、危险货物水路运输许可，从事危险化学品道路运输、水路运输的，分别依照有关道路运输、水路运输的法律、行政法规的规定处罚。

　　第八十六条　有下列情形之一的，由交通运输主管部门责令改正，处 5 万元以上 10 万元以下的罚款；拒不改正的，责令停产停业整顿；构成犯罪的，依法追究刑事责任：

　　（一）危险化学品道路运输企业、水路运输企业的驾驶人员、船员、装卸管理人员、押运人员、申报人员、集装箱装箱现场检查员未取得从业资格上岗作业的；

　　（二）运输危险化学品，未根据危险化学品的危险特性采取相应的安全防护措施，或者未配备必要的防护用品和应急救援器材的；

　　（三）使用未依法取得危险货物适装证书的船舶，通过内河运输危险化学品的；

　　（四）通过内河运输危险化学品的承运人违反国务院交通运输主管部门对单船运输的危险化学品数量的限制性规定运输危险化学品的；

　　（五）用于危险化学品运输作业的内河码头、泊位不符合国家有关安全规范，或者未与饮用水取水口保持国家规定的安全距离，或者未经交通运输主管部门验收合格投入使用的；

　　（六）托运人不向承运人说明所托运的危险化学品的种类、数量、危险特性以及发生危险情况的应急处置措施，或者未按照国家有关规定对所托运的危险化学品妥善包装并在外包装上设置相应标志的；

　　（七）运输危险化学品需要添加抑制剂或者稳定剂，托运人未添加或者未将有关情况告知承运人的。

　　第八十七条　有下列情形之一的，由交通运输主管部门责令改正，处 10 万元以上 20 万元以下的罚款，有违法所得的，没收违法所得；拒不改正的，责令停产停业整顿；构成犯罪的，依法追究刑事责任：

（一）委托未依法取得危险货物道路运输许可、危险货物水路运输许可的企业承运危险化学品的；

（二）通过内河封闭水域运输剧毒化学品以及国家规定禁止通过内河运输的其他危险化学品的；

（三）通过内河运输国家规定禁止通过内河运输的剧毒化学品以及其他危险化学品的；

（四）在托运的普通货物中夹带危险化学品，或者将危险化学品谎报或者匿报为普通货物托运的。

在邮件、快件内夹带危险化学品，或者将危险化学品谎报为普通物品交寄的，依法给予治安管理处罚；构成犯罪的，依法追究刑事责任。

邮政企业、快递企业收寄危险化学品的，依照《中华人民共和国邮政法》的规定处罚。

第八十八条　有下列情形之一的，由公安机关责令改正，处5万元以上10万元以下的罚款；构成违反治安管理行为的，依法给予治安管理处罚；构成犯罪的，依法追究刑事责任：

（一）超过运输车辆的核定载质量装载危险化学品的；

（二）使用安全技术条件不符合国家标准要求的车辆运输危险化学品的；

（三）运输危险化学品的车辆未经公安机关批准进入危险化学品运输车辆限制通行的区域的；

（四）未取得剧毒化学品道路运输通行证，通过道路运输剧毒化学品的。

第八十九条　有下列情形之一的，由公安机关责令改正，处1万元以上5万元以下的罚款；构成违反治安管理行为的，依法给予治安管理处罚：

（一）危险化学品运输车辆未悬挂或者喷涂警示标志，或者悬挂或者喷涂的警示标志不符合国家标准要求的；

（二）通过道路运输危险化学品，不配备押运人员的；

（三）运输剧毒化学品或者易制爆危险化学品途中需要较长时间停车，驾驶人员、押运人员不向当地公安机关报告的；

（四）剧毒化学品、易制爆危险化学品在道路运输途中丢失、被盗、被抢或者发生流散、泄露等情况，驾驶人员、押运人员不采取必要的警示措施和安全措施，或者不向当地公安机关报告的。

第九十条　对发生交通事故负有全部责任或者主要责任的危险化学品道路运输企业，由公安机关责令消除安全隐患，未消除安全隐患的危险化学品运输车辆，禁止上道路行驶。

第九十一条　有下列情形之一的，由交通运输主管部门责令改正，可以处 1 万元以下的罚款；拒不改正的，处 1 万元以上 5 万元以下的罚款：

（一）危险化学品道路运输企业、水路运输企业未配备专职安全管理人员的；

（二）用于危险化学品运输作业的内河码头、泊位的管理单位未制定码头、泊位危险化学品事故应急救援预案，或者未为码头、泊位配备充足、有效的应急救援器材和设备的。

第九十二条　有下列情形之一的，依照《中华人民共和国内河交通安全管理条例》的规定处罚：

（一）通过内河运输危险化学品的水路运输企业未制定运输船舶危险化学品事故应急救援预案，或者未为运输船舶配备充足、有效的应急救援器材和设备的；

（二）通过内河运输危险化学品的船舶的所有人或者经营人未取得船舶污染损害责任保险证书或者财务担保证明的；

（三）船舶载运危险化学品进出内河港口，未将有关事项事先报告海事管理机构并经其同意的；

（四）载运危险化学品的船舶在内河航行、装卸或者停泊，未悬挂专用的警示标志，或者未按照规定显示专用信号，或者未按照规定申请引航的。

未向港口行政管理部门报告并经其同意，在港口内进行危险化学品的装卸、过驳作业的，依照《中华人民共和国港口法》的规定处罚。

第九十三条　伪造、变造或者出租、出借、转让危险化学品安全生产许可证、工业产品生产许可证，或者使用伪造、变造的危险化学品安全生产许可证、工业产品生产许可证的，分别依照《安全生产许可证条例》、

《中华人民共和国工业产品生产许可证管理条例》的规定处罚。

伪造、变造或者出租、出借、转让本条例规定的其他许可证，或者使用伪造、变造的本条例规定的其他许可证的，分别由相关许可证的颁发管理机关处 10 万元以上 20 万元以下的罚款，有违法所得的，没收违法所得；构成违反治安管理行为的，依法给予治安管理处罚；构成犯罪的，依法追究刑事责任。

第九十四条　危险化学品单位发生危险化学品事故，其主要负责人不立即组织救援或者不立即向有关部门报告的，依照《生产安全事故报告和调查处理条例》的规定处罚。

危险化学品单位发生危险化学品事故，造成他人人身伤害或者财产损失的，依法承担赔偿责任。

第九十五条　发生危险化学品事故，有关地方人民政府及其有关部门不立即组织实施救援，或者不采取必要的应急处置措施减少事故损失，防止事故蔓延、扩大的，对直接负责的主管人员和其他直接责任人员依法给予处分；构成犯罪的，依法追究刑事责任。

第九十六条　负有危险化学品安全监督管理职责的部门的工作人员，在危险化学品安全监督管理工作中滥用职权、玩忽职守、徇私舞弊，构成犯罪的，依法追究刑事责任；尚不构成犯罪的，依法给予处分。

第八章　附　　则

第九十七条　监控化学品、属于危险化学品的药品和农药的安全管理，依照本条例的规定执行；法律、行政法规另有规定的，依照其规定。

民用爆炸物品、烟花爆竹、放射性物品、核能物质以及用于国防科研生产的危险化学品的安全管理，不适用本条例。

法律、行政法规对燃气的安全管理另有规定的，依照其规定。

危险化学品容器属于特种设备的，其安全管理依照有关特种设备安全的法律、行政法规的规定执行。

第九十八条　危险化学品的进出口管理，依照有关对外贸易的法律、行政法规、规章的规定执行；进口的危险化学品的储存、使用、经营、运输的安全管理，依照本条例的规定执行。

民航危险品运输概论

　　危险化学品环境管理登记和新化学物质环境管理登记，依照有关环境保护的法律、行政法规、规章的规定执行。危险化学品环境管理登记，按照国家有关规定收取费用。

　　第九十九条　公众发现、捡拾的无主危险化学品，由公安机关接收。公安机关接收或者有关部门依法没收的危险化学品，需要进行无害化处理的，交由环境保护主管部门组织其认定的专业单位进行处理，或者交由有关危险化学品生产企业进行处理。处理所需费用由国家财政负担。

　　第一百条　化学品的危险特性尚未确定的，由国务院安全生产监督管理部门、国务院环境保护主管部门、国务院卫生主管部门分别负责组织对该化学品的物理危险性、环境危害性、毒理特性进行鉴定。根据鉴定结果，需要调整危险化学品目录的，依照本条例第三条第二款的规定办理。

　　第一百零一条　本条例施行前已经使用危险化学品从事生产的化工企业，依照本条例规定需要取得危险化学品安全使用许可证的，应当在国务院安全生产监督管理部门规定的期限内，申请取得危险化学品安全使用许可证。

　　第一百零二条　本条例自 2011 年 12 月 1 日起施行。

附录三　中国民用航空危险品
运输管理规定

中国民用航空局令第 216 号

《中国民用航空危险品运输管理规定》（CCAR－276－R1）已经 2012
年 12 月 24 日中国民用航空局局务会议通过，现予公布，自 2014 年 3 月 1
日起施行。

局　长　李家祥

2013 年 9 月 22 日

中国民用航空危险品运输管理规定

第一章　总　　则

第一条　为加强危险品航空运输管理，促进危险品航空运输发展，保
证航空运输安全，根据《中华人民共和国民用航空法》和有关法律、行政
法规，制定本规定。

第二条　本规定适用于国内公共航空运输经营人（以下简称国内经营
人）、在外国和中国地点间进行定期航线经营或者不定期飞行的外国公共
航空运输经营人（以下简称外国经营人）以及与危险品航空运输活动有关
的任何单位和个人。

第三条　中国民用航空局（以下简称民航局）依据职责对全国危险品
航空运输活动实施监督管理，中国民用航空地区管理局（以下简称民航地
区管理局）依据职责对辖区内的危险品航空运输活动实施监督管理。

第四条　本规定中下列用语，除具体条款中另有规定外，含义如下：

（一）"危险品"是指列在《技术细则》危险品清单中或者根据该细则归类的能对健康、安全、财产或者环境构成危险的物品或者物质。

（二）《技术细则》是指根据国际民航组织理事会制定的程序而定期批准和公布的《危险物品安全航空运输技术细则》。

（三）"经营人"是指以营利为目的使用民用航空器从事旅客、行李、货物、邮件运输的公共航空运输企业，包括国内经营人和外国经营人。

（四）"托运人"是指为货物运输与承运人订立合同，并在航空货运单或者货物记录上署名的人。

（五）"货运销售代理人"是指经经营人授权，代表经营人从事货物航空运输销售活动的企业。

（六）"地面服务代理人"是指经经营人授权，代表经营人从事各项航空运输地面服务的企业。

（七）"托运物"是经营人一次在一个地址，从一个托运人处接收的，按一批和一个目的地地址的一个收货人出具收据的一个或者多个危险品包装件。

（八）"机长"是指由经营人指定的在飞行中负有指挥职能并负责飞行安全操作的驾驶员。

（九）"危险品事故"是指与危险品航空运输有关联，造成致命或者严重人身伤害或者重大财产损坏或者破坏环境的事故。

（十）"危险品事故征候"是指不同于危险品事故，但与危险品航空运输有关联，不一定发生在航空器上，但造成人员受伤、财产损坏或者破坏环境、起火、破损、溢出、液体渗漏、放射性渗漏或者包装物未能保持完整的其他情况。任何与危险品航空运输有关并严重危及航空器或者机上人员的事件也被认为构成危险品事故征候。

（十一）"例外"是指本规定中免于遵守通常适用于危险品某一具体项目要求的规定。

（十二）"包装件"是指包装作业的完整产品，包括包装物和准备运输的内装物。

（十三）"集合包装"是指为便于作业和装载，一个托运人用于装入一个或者多个包装件并组成一个操作单元的一个封闭物，此定义不包括集装器。

（十四）"集装器"是指任何类型的货物集装箱、航空器集装箱、带网的航空器托盘或者带网集装棚的航空器托盘，此定义不包括集合包装。

（十五）"包装物"是指具有容纳作用的容器和任何其他部件或者材料。

（十六）"始发国"是指在其领土内最初将货物装载于航空器上的国家。

（十七）"联合国编号"是指为识别一种物质或者一组特定的物质，而由联合国危险品运输专家委员会所指定的四位数字编码。

第五条　经营人和其他从事危险品航空运输活动的单位和个人从事危险品航空运输活动应当遵守现行有效的《技术细则》及其补充材料和任何附录，中华人民共和国的法律、行政法规、规章和其他民航局规范性文件另有规定的除外。

第六条　从事危险品航空运输活动的相关单位应当建立自查制度，对直接关系航空运输安全的危险品航空运输手册、管理程序、培训大纲、人员资质等实施自查，使之保持最新有效，相关规定得到严格执行。

第二章　危险品航空运输的限制和豁免

第七条　危险品航空运输应当遵守本规定和《技术细则》规定的详细规格和程序。

第八条　除本规定第十二条、第十三条予以豁免或者按照《技术细则》规定经始发国批准可以运输的情况外，禁止下列危险品装上航空器：

（一）《技术细则》中规定禁止在正常情况下运输的危险品；

（二）受到感染的活动物。

第九条　禁止通过航空邮件邮寄危险品或者在航空邮件内夹带危险品，《技术细则》中另有规定的除外。

禁止将危险品匿报或者谎报为普通物品作为航空邮件邮寄。

邮政企业、快递企业收寄危险品的，依照《中华人民共和国邮政法》的规定处罚。

第十条　任何航空器均不得载运《技术细则》中规定的在任何情况下

禁止航空运输的物品和物质。

第十一条　符合下列情况的物质和物品，不受本规定的限制：

（一）已分类为危险品的物品和物质，根据有关适航要求和运行规定，或者因《技术细则》列明的其他特殊原因需要装上航空器时。

航空器上载运的上述物品和物质的替换物，或者因替换已被卸下的物品或者物质，除《技术细则》允许外，应当按本规定进行运输。

（二）旅客或者机组成员携带的在《技术细则》规定范围内的特定物品和物质。

第十二条　下列情况，民航局可以根据《技术细则》的规定批准运输：

（一）对于《技术细则》指明经批准可以运输禁止用客机和/或者货机运输的危险品；

（二）符合《技术细则》规定的其他目的的。

上述情况下，运输的总体安全水平必须达到相当于《技术细则》所规定的安全水平。如果《技术细则》没有明确提及允许给予某一批准，则可寻求豁免。

第十三条　在极端紧急或者不适宜使用其他运输方式或者完全遵照规定的要求与公共利益相违背的情况下，民航局对《技术细则》的规定可予以豁免，但在此情况下应当尽全力使运输的总体安全水平达到与这些规定要求的同等安全水平。

第三章　危险品航空运输许可程序

第一节　一般规定

第十四条　经营人从事危险品航空运输，应当取得危险品航空运输许可并根据许可内容实施。

第十五条　民航地区管理局应当告知申请人有关危险品航空运输的政策和规定，为申请人申请危险品航空运输许可提供咨询和申请书的标准格式。

第十六条　遇灾害运送救援人员或者物资等重大、紧急和特殊情况，民航地区管理局应当按照民航局的相关要求办理危险品航空运输许可。

第十七条 民航地区管理局作出的危险品航空运输许可应当包含下列内容：

（一）说明经营人应按本规定和《技术细则》的要求，在批准的经营范围内实施运行；

（二）批准运输的危险品类别；

（三）许可的有效期；

（四）必要的限制条件。

第二节 国内经营人危险品

航空运输的申请和许可

第十八条 国内经营人申请危险品航空运输许可的，应当符合下列条件：

（一）持有公共航空运输企业经营许可证；

（二）危险品航空运输手册符合危险品运输的要求；

（三）危险品培训大纲符合危险品运输的要求；

（四）按危险品航空运输手册建立了危险品航空运输管理和操作程序、应急方案；

（五）配备了合适的和足够的人员并按危险品培训大纲完成培训并合格；

（六）有能力按本规定、《技术细则》和危险品航空运输手册实施危险品航空运输。

第十九条 国内经营人首次申请危险品航空运输许可的，应当向民航地区管理局提交下列材料：

（一）申请书；

（二）公共航空运输企业经营许可证复印件；

（三）拟从事危险品航空运输的经营范围和危险品的类别；

（四）危险品航空运输手册；

（五）危险品培训大纲；

（六）符合本规定及《技术细则》培训要求的说明；

（七）危险品应急响应方案；

（八）符合性声明；

民航危险品运输概论

（九）民航局要求的其他材料。

第二十条　国内经营人应当确保所提交材料的真实有效。申请材料齐全、符合法定形式的，民航地区管理局应当受理国内经营人的申请。材料不齐全或者不符合法定形式的，民航地区管理局应当当场或者在 5 日内一次性通知需要补充的全部材料，逾期不通知的，自收到申请材料之日起即为受理。

第二十一条　民航地区管理局对国内经营人的危险品航空运输手册、危险品培训大纲和相关文件进行审查。国内经营人按危险品航空运输手册建立相关管理和操作程序，按培训大纲进行培训。民航地区管理局对相关程序和培训质量进行检查，确保其符合本规定和《技术细则》的要求。

经过审查，确认国内经营人符合本规定第十八条要求的，由民航地区管理局为其颁发危险品航空运输许可。经审查不合格，民航地区管理局依法做出不予许可决定的，应当书面告知申请人，并说明理由。

第二十二条　民航地区管理局应当自受理危险品航空运输许可的申请之日起 20 日内完成审查并做出是否许可的决定。需要进行专家评审的，民航地区管理局应当将所需的评审时间书面告知申请人，评审时间不计入作出许可的期限内。

第三节　外国经营人危险品

航空运输的申请和许可

第二十三条　外国经营人申请在外国地点和中国地点间的定期航线上运输危险品的，应当符合下列条件：

（一）持有民航局颁发的外国航空运输企业航线经营许可；

（二）获得所在国民航主管部门颁发的危险品航空运输许可或者等效文件；

（三）持有所在国民航主管部门批准的危险品培训大纲或者等效文件，配备了合适的和足够的人员并按危险品培训大纲完成培训并合格；

（四）持有所在国民航主管部门批准的危险品航空运输手册或者等效文件，并按危险品航空运输手册建立了危险品航空运输管理和操作程序、应急方案。

第二十四条　外国经营人申请在外国地点和中国地点间的定期航线上

运输危险品的，应当向民航地区管理局提交下列材料：

（一）申请书；

（二）外国经营人所在国民航主管部门颁发的危险品航空运输许可或者等效文件；

（三）拟实施危险品航空运输的经营范围和危险品的类别；

（四）外国经营人所在国民航主管部门批准的危险品航空运输手册或者等效文件；

（五）外国经营人所在国民航主管部门批准的危险品培训大纲或者等效文件；

（六）民航局颁发给该外国经营人的航线经营许可证的复印件；

（七）符合本规定及《技术细则》有关培训要求的说明；

（八）民航局要求的其他材料。

第二十五条　申请在外国地点和中国地点间的定期航线上运输危险品的外国经营人应当在预计开始运输危险品之日 60 日前，按照本规定第二十四条的要求向民航地区管理局提出正式申请，并确保所提交材料的真实有效。

申请材料齐全、符合法定形式的，民航地区管理局应当受理外国经营人的申请。材料不齐全或者不符合法定形式的，民航地区管理局应当当场或者在 5 日内一次性通知该外国经营人需要补充的全部材料，逾期不通知的，自收到申请材料之日起即为受理。

第二十六条　民航地区管理局应当对外国经营人的申请进行审查。经过审查，确认外国经营人符合本规定第二十三条要求的，由民航地区管理局为其颁发定期航线上危险品航空运输许可。

经审查不合格，民航地区管理局依法做出不予许可决定的，应当书面告知外国经营人，并说明理由。

第二十七条　民航地区管理局应当自受理外国经营人在外国地点和中国地点间的定期航线上运输危险品的申请之日起 20 日内做出是否许可的决定。

第二十八条　外国经营人申请在外国地点和中国地点间的不定期飞行时运输危险品的，应当符合下列条件：

（一）持有所在国民航主管部门颁发的危险品航空运输许可或者等效文件；

（二）若从外国始发，持有危险品始发国民航主管部门颁发的危险品航空运输许可或者等效文件；

（三）执行不定期飞行相关人员按危险品培训大纲完成培训并合格；

（四）按危险品航空运输手册建立了危险品航空运输管理和操作程序、应急方案；

（五）同中国境内符合本规定要求并经备案的地面服务代理人签订包括航空运输危险品内容的机场地面服务代理协议；

（六）有能力按本规定、《技术细则》和危险品航空运输手册实施危险品航空运输。

第二十九条 外国经营人申请在外国地点和中国地点间的不定期飞行运输危险品的，应当向民航地区管理局提交下列材料：

（一）申请书；

（二）外国经营人所在国民航主管部门颁发的危险品航空运输许可文件或者等效文件；

（三）若从外国始发，危险品始发国民航主管部门颁发的危险品航空运输许可文件或者等效文件；

（四）拟实施危险品航空运输的经营范围和危险品类别；

（五）同中国境内地面服务代理人签订的地面服务代理协议；

（六）执行不定期飞行相关人员符合《技术细则》有关培训要求的说明；

（七）民航局或者民航地区管理局要求的其他材料。

第三十条 申请在外国地点和中国地点间的不定期飞行运输危险品的外国经营人应当在预计飞行日 7 日前向民航地区管理局提出申请。不符合此时限要求的，民航地区管理局不予受理。

第三十一条 申请在外国地点和中国地点间的不定期飞行运输危险品的外国经营人应当按照本规定第二十九条的要求向民航地区管理局提交申请材料，并确保所提交材料的真实有效。申请材料齐全、符合法定形式的，民航地区管理局应当受理申请；申请材料不齐全或者不符合法定要求的，民航地区管理局应当当场或者 3 日内一次性告知申请人需要补齐的全部材料，逾期不告知申请人的，自收到申请材料之日起即为受理。

第三十二条 民航地区管理局应当对外国经营人的申请进行审查。经过审查，外国经营人符合本规定第二十八条条件的，民航地区管理局应当为外国经营人颁发不定期飞行运输危险品的许可。

经审查不合格，民航地区管理局依法做出不予许可决定的，应当书面告知外国经营人，并说明理由。

民航地区管理局应当自受理申请之日起 4 日内进行审查，并做出许可或者不许可的书面决定。民航地区管理局做出不予许可决定的，还应当向外国经营人说明理由。

第三十三条 本节要求提交的申请材料，如使用的是中文或者英文以外的其他文字，应当附带准确的中文或者英文译本。

第四节 危险品航空运输

许可的期限、变更和延期

第三十四条 危险品航空运输许可的有效期最长不超过两年。出现下列情形之一的，危险品航空运输许可失效：

（一）经营人书面声明放弃；

（二）许可依法被撤销或者吊销；

（三）许可有效期届满后未申请延期。

第三十五条 危险品航空运输许可持有人要求变更许可事项的，应当向民航地区管理局提出申请；提交材料应当包括申请书和本规定第十九条、第二十四条中发生变更的材料。符合本规定要求的，民航地区管理局应当依法办理变更手续。

第三十六条 经营人依据本规定第十九条、第二十四条规定在申请危险品航空运输许可时所提交的材料，在许可有效期限内发生变化的，经营人应当将更新后的材料报民航地区管理局批准或认可。

第三十七条 危险品航空运输许可持有人申请许可有效期延期的，应当在许可有效期届满前 30 日向民航地区管理局提出申请；提交的材料应当包括申请书和本规定第十九条、第二十四条中发生变更的材料。民航地区管理局应当在许可有效期届满前做出是否准予延期的决定；逾期未做出

决定的，视为准予延期。

第四章　危险品航空运输手册

第三十八条　国内经营人依据《公共航空运输企业经营许可规定》相关要求申请公共航空运输企业经营许可时，应当将符合本规定要求的危险品航空运输手册与其他公共航空运输企业经营许可申请材料一并提交所在地民航地区管理局进行审查。

危险品航空运输手册的内容可以按照专业类别及其承担的责任编入经营人运行、地面服务和客货运输业务等其他手册中。

第三十九条　经营人应当在工作场所的方便查阅处，为危险品航空运输有关人员提供其所熟悉的文字编写的危险品航空运输手册，以便飞行机组和其他人员履行危险品航空运输职责。

第四十条　国内经营人的危险品航空运输手册应当至少包括以下内容：

（一）进行危险品航空运输的总政策；

（二）有关危险品航空运输管理和监督的机构和职责；

（三）旅客和机组人员携带危险品的限制；

（四）危险品事故、危险品事故征候的报告程序；

（五）货物和旅客行李中隐含危险品的识别；

（六）使用自营航空器运输本经营人危险品的要求；

（七）人员的培训；

（八）危险品航空运输应急响应方案；

（九）紧急情况下危险品运输预案；

（十）其他有关安全的资料或者说明。

从事危险品运输经营人的危险品航空运输手册还应当包括以下内容：

（一）危险品航空运输的技术要求及其操作程序；

（二）通知机长的信息。

国内经营人应当采取措施保持危险品航空运输手册所有内容的实用性和有效性。

第四十一条　经营人应当采取必要措施，使其人员及其货运销售代理人和地面服务代理人的人员在履行相关职责时，充分了解危险品运输手册中与其职责相关的内容，并确保危险品的操作和运输按照其危险品航空运输手册中规定的程序和要求实施。

第四十二条　民航地区管理局可以通过书面形式要求国内经营人对危险品运输手册的相关内容、分发或者修订做出调整。

第五章　危险品航空运输的准备

第四十三条　托运人应当根据《技术细则》的规定对航空运输的危险品进行分类、识别、包装、标签和标记，提交正确填制的危险品运输文件。

第四十四条　航空运输的危险品所使用的包装物应当符合下列要求：

（一）包装物应当构造严密，能够防止在正常运输条件下由于温度、湿度或者压力的变化，或者由于振动而引起渗漏。

（二）包装物应当与内装物相适宜，直接与危险品接触的包装物不能与该危险品发生化学反应或者其他反应。

（三）包装物应当符合《技术细则》中有关材料和构造规格的要求。

（四）包装物应当按照《技术细则》的规定进行测试。

（五）对用于盛装液体的包装物，应当能承受《技术细则》中所列明的压力而不渗漏。

（六）内包装应当以防止在正常航空运输条件下发生破损或者渗漏的方式进行包装、固定或者垫衬，以控制其在外包装物内的移动。垫衬和吸附材料不得与包装物的内装物发生危险反应。

（七）包装物应当在检查后证明其未受腐蚀或者其他损坏时，方可再次使用。再次使用包装物时，应当采取一切必要措施防止随后装入的物品受到污染。

（八）如果由于之前内装物的性质，未经彻底清洗的空包装物可能造成危害时，应当将其严密封闭，并按其构成危害的情况加以处理。

（九）包装件外部不得粘附构成危害数量的危险物质。

第四十五条　每一危险品包装件应当粘贴适当的标签，并且符合《技术细则》的规定，《技术细则》另有规定的除外。

第四十六条 每一危险品包装件应当标明其内装物的运输专用名称，《技术细则》另有规定的除外。如有指定的联合国编号，则需标明此联合国编号以及《技术细则》中规定的其他相应标记。

每一按照《技术细则》的规格制作的包装物，应当按照《技术细则》中有关的规定予以标明，《技术细则》另有规定的除外；不符合《技术细则》中有关包装规格的包装物，不得在该包装物上标明包装物规格的标记。

第四十七条 国际航空运输时，除始发国要求的文字外，标记应当加用英文。

第六章 托运人的责任

第四十八条 托运人应当确保所有办理托运手续和签署危险品运输文件的人员已按本规定和《技术细则》要求接受相关危险品知识的培训并合格。

第四十九条 托运人将危险品的包装件或者集合包装件提交航空运输前，应当按照本规定和《技术细则》的规定，保证该危险品不是航空运输禁运的危险品，并正确地进行分类、包装、加标记、贴标签、提供真实准确的危险品运输相关文件。

托运国家法律、法规限制运输的危险品，应当符合相关法律、法规的要求。

第五十条 禁止在普通货物中夹带危险品或者将危险品匿报、谎报为普通货物进行托运。

第五十一条 凡将危险品提交航空运输的托运人应当向经营人提供正确填写并签字的危险品运输文件，文件中应当包括《技术细则》所要求的内容，《技术细则》另有规定的除外。

危险品运输文件中应当有经危险品托运人签字的声明，表明按运输专用名称对危险品进行完整、准确地描述和该危险品是按照《技术细则》的规定进行分类、包装、加标记和贴标签，并符合航空运输的条件。

必要时，托运人应当提供物品安全数据说明书或者经营人认可的鉴定机构出具的符合航空运输条件的鉴定书。托运人应当确保危险品运输文件、物品安全数据说明书或者鉴定书所列货物与其实际托运的货物保持一致。

第五十二条　国际航空运输时，除始发国要求的文字外，危险品运输文件应当加用英文。

第五十三条　托运人必须保留一份危险品运输相关文件至少 24 个月。上述文件包括危险品运输文件、航空货运单以及本规定和《技术细则》要求的补充资料和文件。

第五十四条　托运人委托的代理人的人员应当按照本规定和《技术细则》的要求接受相关危险品知识的培训并合格。

第五十五条　托运人的代理人代表托运人从事危险品航空运输活动的，适用本规定有关托运人责任的规定。

第七章　经营人及其代理人的责任

第一节　经营人的责任

第五十六条　经营人应当在民航地区管理局颁发的危险品航空运输许可所载明的范围和有效期内开展危险品航空运输活动。

第五十七条　经营人应当制定措施防止行李、货物、邮件及供应品中隐含危险品。

第五十八条　经营人接收危险品进行航空运输至少应当符合下列要求：

（一）附有完整的危险品运输文件，《技术细则》另有要求的除外；

（二）按照《技术细则》的接收程序对包装件、集合包装件或者装有危险品的专用货箱进行检查；

（三）确认危险品运输文件的签字人已按本规定及《技术细则》的要求培训并合格。

第五十九条　经营人应当制定和使用收运检查单以遵守本规定第五十七条、第五十八条的规定。

第六十条　装有危险品的包装件和集合包装件以及装有放射性物质的专用货箱应当按照《技术细则》的规定在航空器上装载。

第六十一条　装有危险品的包装件、集合包装件和装有放射性物质的

专用货箱在装上航空器或者装入集装器之前，应当检查是否有泄漏和破损的迹象。泄漏或者破损的包装件、集合包装件或者装有危险品的专用货箱不得装上航空器。

第六十二条 集装器未经检查并证实其内装的危险品无泄漏或者无破损迹象之前不得装上航空器。

第六十三条 装上航空器的任何危险品包装件出现破损或者泄漏，经营人应当将此包装件从航空器上卸下，或者安排由有关机构从航空器上卸下。在此之后应当保证该托运物的其余部分符合航空运输的条件，并保证其他包装件未受污染。

第六十四条 装有危险品的包装件、集合包装件和装有放射性物质的专用货箱从航空器或者集装器卸下时，应当检查是否有破损或者泄漏的迹象。如发现有破损或者泄漏的迹象，则应当对航空器上装载危险品或者集装器的部位进行破损或者污染的检查。

第六十五条 危险品不得装在航空器驾驶舱或者有旅客乘坐的航空器客舱内，《技术细则》另有规定的除外。

第六十六条 在航空器上发现由于危险品泄漏或者破损造成任何有害污染的，应当立即进行清除。

受到放射性物质污染的航空器应当立即停止使用，在任何可接触表面上的辐射程度和非固着污染超过《技术细则》规定数值的，不得重新使用。

第六十七条 装有可能产生相互危险反应的危险品包装件，不得在航空器上相邻放置或者装在发生泄漏时包装件可产生相互作用的位置上。

毒性物质和感染性物质的包装件应当根据《技术细则》的规定装在航空器上。

装在航空器上的放射性物质的包装件，应当按照《技术细则》的规定将其与人员、活动物和未冲洗的胶卷进行分离。

第六十八条 符合本规定的危险品装上航空器时，经营人应当保护危险品不受损坏，应当将这些物品在航空器内加以固定以免在飞行时出现任何移动而改变包装件的指定方向。对装有放射性物质的包装件，应当充分固定以确保在任何时候都符合本规定第六十七条第三款规定的分离要求。

第六十九条 贴有"仅限货机"标签的危险品包装件，按照《技术细则》的规定只能装载在货机上。

第七十条 经营人应当确保危险品的存储符合《技术细则》中有关危险品存储、分离与隔离的要求。

第七十一条 经营人根据本规定第五十一条要求托运人提供货物符合航空运输条件的鉴定书的，应当告知托运人其认可的鉴定机构，并确保其所认可的鉴定机构满足民航局关于货物航空运输条件鉴定机构的相关规定，同时将认可的鉴定机构报民航局备案。

自收到备案申请之日起 20 日内，民航局应当将鉴定机构予以备案，并对外公布。

第七十二条 经营人应当在载运危险品的飞行终止后，将危险品航空运输的相关文件至少保存 24 个月。上述文件至少包括收运检查单、危险品运输文件、航空货运单和机长通知单。

第七十三条 经营人委托地面服务代理人代表其从事与危险品航空运输地面服务的，应当同地面服务代理人签订涉及危险品航空运输的地面服务代理协议。所委托的中国境内的地面服务代理人应当符合本规定有关地面服务代理人的要求，所委托的中国境外的地面服务代理人应当符合所在地国家的相关法律、法规。经营人应当自危险品航空运输地面服务代理协议签订之日起 7 日内将所签订协议报民航地区管理局备案。

第七十四条 经营人委托货运销售代理人代表其从事货物航空运输销售活动的，应当同货运销售代理人签订包括危险品安全航空运输内容的航空货物运输销售代理协议，并确保所委托的货运销售代理人满足以下要求：

（一）拥有企业法人营业执照；

（二）从事危险品收运工作、货物或邮件（非危险品）收运工作的员工，从事货物或邮件的搬运、储存和装载工作的员工按照所代理的经营人认可的危险品培训大纲由符合本规定要求的培训机构培训合格；

（三）在货物、邮件收运处的醒目地点展示和提供数量充足、引人注目的关于危险品运输信息的布告，以提醒注意托运物可能含有的任何危险品以及危险品违规运输的相关规定和法律责任，这些布告必须包括危险品

的直观示例；

（四）不得作为托运人或者代表托运人托运危险品；

（五）采取适当措施防止危险品被盗或者不正当使用而使人员或者财产受到损害；

（六）发生航空器事故、严重事故征候、事故征候时，向调查职能部门报告航空器上装载危险品的情况；

（七）其他在经营人授权范围内代表经营人从事的危险品航空运输活动符合本规定和《技术细则》的要求。

第七十五条 经营人委托货运销售代理人和地面服务代理人从事货物航空运输相关业务，应当在代理协议中要求代理人对收运货物进行查验或者采取有效措施防止货物中隐含危险品。经营人应当对代理人的货物查验及相关措施进行认可并定期检查。

第二节 经营人的代理人的责任

第七十六条 本规定所指的经营人的代理人，是指位于中国境内的代表经营人从事危险品航空运输活动的企业，包括货运销售代理人、地面服务代理人，以及其他代表经营人从事危险品航空运输活动的企业。

第七十七条 货运销售代理人从事货物航空运输销售代理活动，应当同经营人签订包括危险品安全航空运输内容的航空货物运输销售代理协议。

第七十八条 货运销售代理人不得作为托运人或者代表托运人托运危险品。

第七十九条 地面服务代理人无论是否从事危险品航空运输活动，均应当满足以下要求：

（一）拥有企业法人营业执照；

（二）制定危险品培训大纲并获得民航地区管理局的批准；

（三）确保其人员已按本规定和《技术细则》的要求接受相关危险品知识的培训并合格；

（四）与经营人签订包括危险品航空运输在内的地面服务代理协议；

（五）制定危险品航空运输管理程序，其中应当包括地面应急程序和措施；

（六）拥有经营人提供或者认可的危险品航空运输手册；

（七）民航局规定的其他条件。

第八十条 地面服务代理人从事危险品航空运输活动的，除满足本规定第七十九条规定外，还应当满足以下要求：

（一）制定符合《技术细则》要求的危险品保安措施；

（二）危险品的储存管理符合《技术细则》中有关危险品存储、分离与隔离的要求；

（三）确保其人员在履行相关职责时，充分了解危险品运输手册中与其职责相关的内容，并确保危险品的操作和运输按照其危险品航空运输手册中规定的程序和要求实施。

第八十一条 地面服务代理人应当报所在地民航地区管理局备案。自收到备案申请之日起 20 日内，民航地区管理局应当将地面服务代理人予以备案，并对外公布。

第八十二条 地面服务代理人代表经营人从事危险品航空运输活动的，适用本规定有关经营人责任的规定。

第八章 危险品航空运输信息

第八十三条 经营人在其航空器上载运危险品，应当在航空器起飞前向机长提供《技术细则》规定的书面信息。

第八十四条 经营人应当在运行手册中提供信息，使机组成员能履行其对危险品航空运输的职责，同时应当提供在出现涉及危险品的紧急情况时采取的行动指南。

第八十五条 经营人应当确保在旅客购买机票时，向旅客提供关于禁止航空运输危险品的信息。通过互联网提供的信息可以是文字或者图像形式，但应当确保只有在旅客表示已经理解行李中的危险品限制之后，方可完成购票手续。

第八十六条 在旅客办理乘机手续前，经营人应当在其网站或者其他信息来源向旅客提供《技术细则》关于旅客携带危险品的限制要求。通过互联网办理乘机手续的，经营人应当向旅客提供关于禁止旅客航空运输的危险品种类的信息。信息可以是文字或者图像形式，但应当确保只有在旅

民航危险品运输概论

客表示已经理解行李中的危险品限制之后，方可完成办理乘机手续。

旅客自助办理乘机手续的，经营人应当向旅客提供关于禁止旅客航空运输的危险品种类的信息。信息应当是图像形式，并应确保只有在旅客表示已经理解行李中的危险品限制之后，方可完成办理乘机手续。

第八十七条　经营人、机场管理机构应当保证在机场每一售票处、办理旅客乘机手续处、登机处以及其他旅客可以办理乘机手续的任何地方醒目地张贴数量充足的布告，告知旅客禁止航空运输危险品的种类。这些布告应当包括禁止用航空器运输的危险品的直观示例。

第八十八条　经营人、货运销售代理人和地面服务代理人应当在货物、邮件收运处的醒目地点展示和提供数量充足、引人注目的关于危险品运输信息的布告，以提醒托运人及其代理人注意到托运物可能含有的任何危险品以及危险品违规运输的相关规定和法律责任。这些布告必须包括危险品的直观示例。

第八十九条　与危险品航空运输有关的经营人、托运人、机场管理机构等其他机构应当向其人员提供信息，使其能履行与危险品航空运输相关的职责，同时应当提供在出现涉及危险品的紧急情况时采取的行动指南。

第九十条　如果在飞行时发生紧急情况，如情况许可，机长应当按照《技术细则》的规定立即将机上载有危险品的信息通报有关空中交通管制部门，以便通知机场。

第九十一条　航空器事故或者严重事故征候可能涉及作为货物运输的危险品时，经营人应当立即将机上危险品的信息提供给处理事故或者严重事故征候的应急处置机构、经营人所在国和事故或者严重事故征候发生所在国的有关当局。

当运输危险品货物的航空器发生事故征候，该经营人应当立即将机上危险品的信息提供给处理事故征候的应急处置机构和事故征候发生所在国的有关当局。

提供的信息应当与向机长提供的书面信息一致。

第九十二条　发生危险品事故或者危险品事故征候，经营人应当向经营人所在国及事故、事故征候发生地所在国有关当局报告。

初始报告可以用各种方式进行，但应当尽快完成一份书面报告。

若适用，书面报告应当包括下列内容，并将相关文件的副本与照片附在书面报告上：

（一）事故或者事故征候发生日期；

（二）事故或者事故征候发生的地点、航班号和飞行日期；

（三）有关货物的描述及货运单、邮袋、行李标签和机票等的号码；

（四）已知的运输专用名称（包括技术名称）和联合国编号；

（五）类别或者项别以及次要危险性；

（六）包装的类型和包装的规格标记；

（七）涉及数量；

（八）托运人或者旅客的姓名和地址；

（九）事故或者事故征候的其他详细情况；

（十）事故或者事故征候的可疑原因；

（十一）采取的措施；

（十二）书面报告之前的其他报告情况；

（十三）报告人的姓名、职务、地址和联系电话。

第九十三条　当在货物或者邮件中发现未申报或者错误申报的危险品时，经营人应当向经营人所在国和事件发生地所在国有关当局报告。当在旅客行李中发现根据《技术细则》要求不允许携带的危险品时，经营人应当向事件发生地所在国有关当局报告。

第九章　培　　训

第一节　一般规定

第九十四条　从事危险品航空运输活动的人员应当按照本规定及《技术细则》的要求经过培训并合格。

第九十五条　对从事危险品航空运输活动人员的危险品培训应当由符合本规定要求的危险品培训机构实施。经营人无论是否持有危险品航空运输许可，都应当确保其相关人员按照本规定及《技术细则》的要求进行培训并合格。

第二节　危险品培训大纲

第九十六条　根据《技术细则》的要求，以下企业或者组织开展培训

活动应当持有危险品培训大纲：

（一）作为危险品航空运输托运人或者托运人代理人的企业或者其他组织；

（二）国内经营人；

（三）货运销售代理人；

（四）地面服务代理人；

（五）从事民航安全检查工作的企业。

危险品培训机构可以代表上述企业或者组织制定危险品培训大纲，但在实施前应当得到委托方认可。

第九十七条 危险品培训大纲应当根据各类人员的职责制定，每种培训大纲应当包括初始培训和定期复训两个类别，并符合《技术细则》的要求。

第九十八条 危险品培训大纲中应当至少包括下列内容：

（一）符合本规定和《技术细则》规定的声明；

（二）培训课程设置及考核要求；

（三）受训人员的进入条件及培训后应当达到的质量要求；

（四）将使用的设施、设备的清单；

（五）教员的资格要求；

（六）培训教材；

（七）国家法律法规的相关要求。

经营人、货运销售代理人及地面服务代理人的危险品培训大纲还应包括危险品航空运输手册或者所代理经营人的危险品航空运输手册的使用要求。

第九十九条 本规定第九十六条（一）规定的企业或者组织制定的危险品培训大纲，在实施前应当报民航地区管理局备案。

本规定第九十六条（二）、（四）、（五）项规定的企业或者组织制定的危险品培训大纲，在实施前应当报民航地区管理局批准。

本规定第九十六条（三）规定的企业或者组织制定的培训大纲，在实施前应当得到所代理的经营人的认可。

第一百条 危险品培训大纲应当及时修订和更新，并依据本规定九十九条规定报送备案、批准或者得到经营人认可。

第三节　培训课程

第一百零一条　制定和持有危险品培训大纲的企业或者组织应当根据其培训大纲设置培训课程。培训课程应当包括：

（一）一般知识培训：旨在熟悉一般性规定的培训；

（二）专门职责培训：针对人员所承担的职责要求提供的详细培训；

（三）安全培训：以危险品所具有的危险性、安全操作及应急处置程序为培训内容的培训。

第一百零二条　培训课程中应当列明培训的具体内容、计划小时数和考试的相关要求。

第一百零三条　培训课程所需的教材、资料应当符合国家法律、法规的规定和现行有效的《技术细则》的要求。

第四节　培训要求

第一百零四条　地面服务代理人按照经批准的培训大纲或者货运销售代理人按照所代理的经营人认可的培训大纲，由符合本规定要求的培训机构培训合格的人员，可为不同经营人代理同一类别人员的工作，但经营人应当确保其符合以下条件：

（一）在同等职责范围内，其培训水平足以胜任指定的工作；

（二）遵守经营人危险品手册要求。

第一百零五条　外国经营人应当确保其在中华人民共和国境内从事危险品航空运输活动的人员按下列要求之一进行培训并合格：

（一）外国经营人所在国主管部门批准或者认可的培训大纲或者其他等效文件以及中国危险品航空运输相关法律法规；

（二）民航地区管理局批准的培训大纲以及外国经营人的差异化政策。

第一百零六条　为了保证知识更新，应当在前一次培训后的 24 个月内进行复训。

如果复训是在前一次培训的最后 3 个月有效期内完成，则其有效期自复训完成之日起开始延长，直到前一次培训失效日起 24 个月为止。

第一百零七条　培训记录应当保存 3 年以上并随时接受民航局或者民航地区管理局的检查。培训记录应当载明以下内容：

（一）受训人员姓名；

（二）最近一次完成培训的日期；

（三）所使用培训教材的说明；

（四）培训机构的名称和地址；

（五）培训教员的姓名；

（六）考核成绩；

（七）表明已通过培训考核的证据。

第五节　危险品培训机构

第一百零八条　制定和实施危险品培训大纲的企业或者组织可以设立危险品培训机构。

无条件设立危险品培训机构的企业或者组织，可以委托依本规定设立的危险品培训机构根据委托方制定并经批准、备案或者认可的培训大纲对其人员进行培训。

第一百零九条　危险品培训机构开展危险品培训应当符合以下条件，并报民航局备案：

（一）具备法人资格；

（二）具有委托方提供的经批准、备案或者认可的危险品的初训和复训大纲及为委托方设计的培训课程及教材；

（三）具有 3 名以上符合本规定要求的危险品培训教员；

（四）具有符合教学需要的教学设施和设备。

自收到备案申请之日起 20 日内，民航局将危险品培训机构予以备案，并对外公布。

第一百一十条　为本企业人员提供培训所设立的危险品培训机构不适用本规定第一百零九条第（一）（二）项规定的条件。

第一百一十一条　危险品培训机构的教员应当满足以下条件：

（一）熟悉民用航空法律、法规、规章、规定和政策；

（二）从事民航相关业务 5 年以上；

（三）大专以上学历；

（四）通过经批准的危险品培训大纲中第六类人员的培训，并考核优秀；

（五）具备相应的授课技能；

（六）具备正确理解国际民航组织危险品航空运输有关规定的英语水平；

（七）民航局规定的其他条件。

为本企业人员提供培训所设立的危险品培训机构的教员不适用前款规定。

第一百一十二条　为本企业人员提供培训所设立的危险品培训机构，其教员应当满足以下条件：

（一）熟悉民用航空法律、法规、规章、规定和政策；

（二）教员是本企业的雇员；

（三）从事民航相关业务 3 年以上；

（四）通过经批准的危险品培训大纲中第六类人员的培训，并考核优秀；

（五）具备相应的授课技能并通过评估；

（六）民航局规定的其他条件。

第一百一十三条　危险品培训机构的教员必须且只能在一家培训机构注册，应当至少在 24 个月内进行授课或者参加复训。

第一百一十四条　危险品培训机构应当按照本规定第一百零七条规定为学员建立培训记录，该培训记录至少保存 3 年以上并随时接受民航局或者民航地区管理局的检查。

第十章　其他要求

第一百一十五条　从事危险品航空运输的经营人及其地面服务代理人、货运销售代理人、托运人及其代理人应当采取适当措施防止危险品被盗或者不正当使用而使人员或者财产受到损害。

第一百一十六条　从事高危危险品航空运输的托运人和经营人应当制定保安计划，并及时修订其保安计划，以保持其保安计划的实用性和有效性。

高危危险品是指《技术细则》中规定的有可能在恐怖主义事件中被滥用，可能造成大量伤亡或者大规模破坏等严重后果的危险品。

第一百一十七条 国内经营人的运行规范中应当包括危险品航空运输的有关内容。

第一百一十八条 机场管理机构应当制定机场危险品应急救援预案，将其纳入民用运输机场突发事件应急救援预案管理，并按《民用运输机场突发事件应急救援管理规则》执行。

第一百一十九条 机场管理机构应当及时修订机场危险品应急救援预案，确保该应急救援预案的有效性和实用性。

机场管理机构应将机场危险品的管理和机场危险品应急救援预案内容纳入《民用机场使用手册》。

第一百二十条 航空器事故、严重事故征候、事故征候的调查规定和调查程序应当包括涉及危险品的内容。

第一百二十一条 从事危险品航空运输的经营人、货运销售代理人、地面服务代理人、托运人及其代理人应当向航空器事故、严重事故征候、事故征候的调查职能部门报告航空器上装载危险品的情况。

第十一章 监督管理

第一百二十二条 民航管理部门依据职责对危险品航空运输活动实施监督检查。

民航地区管理局应当定期对辖区内从事危险品航空运输活动主体进行检查，并将监督检查中发现的问题及时处理并报告民航局。

第一百二十三条 民航管理部门依法对与危险品航空运输活动有关单位进行监督检查时，行使以下职权：

（一）进入相关单位的营业场所或者其他有关场所进行检查；询问被调查的经营人、利害相关人或者其他有关单位或者个人，要求其说明有关情况；查阅、复印有关文件、资料。

（二）对检查中发现的违法、违规行为，当场予以纠正或者要求限期改正；对依法应当给予行政处罚的行为，依照本规定和其他有关法律、法规的规定做出行政处罚决定。

（三）对可能涉及危险品事故、危险品事故征候及违规运输的货物、邮件及行李等物品，要求相关单位予以妥善保存以供后续调查。

（四）经本部门主要负责人批准，扣押违法运输的危险品。

第一百二十四条 民航管理部门依职责建立举报制度，公开举报电话、信箱或者电子邮件地址，受理有关危险品航空运输的举报。

第一百二十五条 从事危险品航空运输活动的单位和个人应当接受和配合民航管理部门的监督检查。

第一百二十六条 民航管理部门在实施危险品航空运输活动的监督管理时，不得妨碍被检查单位或者个人的正常经营活动，不得索取或者收受被许可人或者被检查单位或者个人的财物，不得谋取其他不正当利益。

第一百二十七条 危险品航空运输许可的批准函不得涂改、出借、买卖或者转让。

危险品航空运输许可批准函遗失、损毁或者灭失的，应当及时报告颁发许可的地区管理局，并在公共媒体上发布遗失公告、声明作废后，向颁发许可的地区管理局书面申请重新领取。

第一百二十八条 经营人应当保证其运营条件持续符合颁发危险品航空运输许可的条件。

经营人因运营条件发生变化，不再具备安全生产条件的，由民航管理部门依照《安全生产法》的规定撤销其危险品航空运输许可。

第一百二十九条 经营人及其代理人开展危险品航空运输活动的，应当按照有关规定向民航管理部门报送有关危险品航空运输活动的运输信息。

第一百三十条 民航管理部门依职责建立危险品航空运输违法记录制度，定期通报危险品航空运输违法记录。经营人应当对有危险品航空运输违法记录的合作方采取更严格的收运检查程序，避免危险品航空运输事故的发生。

第一百三十一条 任何单位或者个人对危险品航空运输违法、违规行为，均有权向民航局或者民航地区管理局报告或者举报。报告或者举报采用书面形式并提供相关事实和证据的，民航局或者民航地区管理局应当根据举报情况进行必要的调查。

第十二章 法律责任

第一百三十二条 托运人或者其代理人有下列行为之一的，由民航管理部门处以警告或者 3 万元以下的罚款：

（一）违反本规定，未按要求对所托运的危险品进行分类的；

（二）违反本规定，未按要求对所托运的危险品进行包装的；

（三）违反本规定，未按要求对所托运的危险品加标记的；

（四）违反本规定，未按要求对所托运的危险品贴标签的；

（五）违反本规定，未按要求就所托运的危险品提供危险品运输相关文件的；

（六）违反本规定，所托运危险品属于禁止航空运输的危险品；

（七）违反本规定，托运国家法律、法规限制运输的危险品，未满足相关法律、法规要求的；

（八）违反本规定第五十三条，未保留相关文件的；

（九）违反本规定第八十九条，未向其人员提供相关信息或者相关指南的。

第一百三十三条 经营人有下列行为之一的，由民航管理部门处以警告或者 3 万元以下的罚款：

（一）违反本规定第七条，未遵守《技术细则》规定运输危险品的；

（二）违反本规定第八条或者第十四条，未经批准、未经豁免、未取得危险品航空运输许可或者未按照危险品航空运输许可内容运输危险品的；

（三）违反本规定第二十条、第二十五条、第三十一条、第三十六条，在申请危险品航空运输许可时提供不真实材料的或者材料发生变化未按要求报民航地区管理局批准的；

（四）违反本规定第三十九条，未按要求提供危险品航空运输手册的；

（五）违反本规定第四十一条，未采取必要措施使其人员及其货运销售代理人和地面服务代理人了解危险品运输手册相关内容的；

（六）违反本规定第七章第一节，未满足经营人责任有关要求的；

（七）违反本规定第八章，未按要求提供危险品航空运输信息的；

（八）违反本规定第一百二十七条，涂改、出借、买卖或者转让危险品航空运输许可批准函或者批准函遗失、损毁、灭失后未及时报告的；

（九）违反本规定第一百二十九条，未按规定报送有关危险品航空运输活动运输信息的。

经营人有本条第一款第（一）项、第（二）项行为，情节严重的，没收违法所得，可以并处违法所得一倍以下的罚款。

经营人有本条第一款第（三）项行为，未提供真实材料，以欺骗等手段获得危险品航空运输许可的，由民航管理部门撤销其许可。

第一百三十四条 货运销售代理人有下列行为之一的，由民航管理部门处以警告或者 3 万元以下的罚款：

（一）违反本规定第七十七条，从事危险品航空运输活动的；

（二）违反本规定第七十八条，作为托运人或者代表托运人托运危险品的。

第一百三十五条 地面服务代理人有下列行为之一的，由民航管理部门处以警告或者 3 万元以下的罚款：

（一）违反本规定第七十九条、第八十条、第八十一条，从事危险品航空运输活动的；

（二）违反本规定第八十八条，未按要求提供危险品航空运输信息的；

（三）违反本规定第一百二十九条，未按规定报送有关危险品航空运输活动运输信息的。

地面服务代理人代表经营人从事危险品航空运输活动违反本规定的，适用本规定第一百三十三条（六）的规定。

第一百三十六条 机场管理机构有下列行为之一的，由民航管理部门处以警告或者 3 万元以下的罚款：

（一）违反本规定第八十七条、第八十九条，未按要求提供危险品航空运输信息的；

（二）违反本规定第一百一十八条、第一百一十九条，未制定或者未及时修订机场危险品应急救援预案的。

第一百三十七条 托运人及其代理人、经营人、货运销售代理人、地面服务代理人、从事民航安全检查工作的企业以及培训机构违反本规定第

九章，未满足危险品培训有关要求的，由民航管理部门处以警告或者 3 万元以下的罚款。

第一百三十八条 托运人及其代理人、经营人或者地面服务代理人违反本规定第一百一十五条，未采取适当措施防止危险品被盗或者不正当使用的，由民航管理部门处以警告或者 3 万元以下的罚款。

第一百三十九条 从事高危危险品航空运输的托运人或者经营人违反本规定第一百一十六条，未制定或者及时修订高危危险品保安计划的，由民航管理部门处以警告或者 3 万元以下的罚款。

第一百四十条 托运人或者其代理人、经营人或者地面服务代理人违反本规定第一百二十一条，未报告航空器上装载危险品情况的，由民航管理部门处以警告或者 3 万元以下的罚款。

第一百四十一条 从事危险品航空运输活动的单位和个人违反本规定第一百二十五条，拒不接受或者配合民航管理部门监督检查的，由民航管理部门处以警告或者 3 万元以下的罚款。

第一百四十二条 从事危险品航空运输活动的单位和个人违反本规定，构成犯罪的，依法追究刑事责任。

第十三章 附 则

第一百四十三条 本规定中的期限以工作日计算，不含法定节假日。

第一百四十四条 香港特别行政区、澳门特别行政区和台湾地区的航空器经营人申请危险品航空运输许可，参照本规定有关外国经营人的规定执行。

第一百四十五条 本规定自 2014 年 3 月 1 日起施行。民航局 2004 年 7 月 12 日发布的《中国民用航空危险品运输管理规定》同时废止。

参考文献

[1] 王益友. 航空危险品运输. 北京：化学工业出版社，2013.

[2] 相关网站：民航资源网、民航网、百度文库。